청담동 프라이빗 요리수업

초판 1쇄 인쇄 2020년 12월 1일
초판 1쇄 발행 2020년 12월 15일

지은이 | 목진희
발행인 | 장인형
임프린트 대표 | 노영현

요리 사진 | 문희정

펴낸 곳 | 다독다독
출판등록 제313-2010-141호
주소 서울특별시 마포구 월드컵북로4길 77, 3층
전화 02-6409-9585
팩스 0505-508-0248
이메일 dadokbooks@naver.com

ISBN 978-89-98171-95-7 13590

잘못된 책은 구입한 곳에서 바꾸실 수 있습니다.
다독다독은 틔움출판의 임프린트입니다.

청담동 프라이빗 요리수업

집밥으로 즐기는 미니 코스 요리

스푼엠 목진희 지음

다독다독

프롤로그

계절을 요리하다

정기적으로 프라이빗 클래스를 열어 음식에 관심있는 사람들과 만납니다.
수업을 준비할 때는 먼저 요리 스승들의 가르침을 빼곡히 적은 노트와
그동안 쌓아온 레시피들을 점검하며 그 계절에 가장 어울리는 요리와 가장 맛있는 재료를 고민합니다.
그리고 조리대 앞에 서서 다양한 재료와 양념으로 여러 가지 새로운 시도를 하며,
머릿속에서 그렸던 '그 맛'을 찾거나 예상치 못한 새로운 맛을 발견하면 레시피에 저장합니다.
이런 고민과 시도를 통해 저만의 요리가 완성됩니다.
그러고보면 누군가를 가르친다는 것은 배우는 시간이기도 합니다.

여건상 저와 직접 소통하기 어려운 분들과도 책을 통해 만나고 싶습니다.
이 책은 주로 사계절 자연의 맛을 제대로 느낄 수 있는 제철 재료와 제철 음식을 담았습니다.
제철 재료는 요리의 영감을 깨우고 조미료를 덜 써도 되는,
때론 재료가 다했다고도 말할 수 있는 가장 맛있는 요리가 되기 때문입니다.
또한 집에서 자주 해 먹거나 외식으로 즐기는 대중적인 요리를 실었습니다.
실제 수업에서도 한식, 양식 구분 없이 남녀노소 누구나 즐길 수 있는 집밥 중심의 메뉴를 가르칩니다.
계절마다 4회씩 총 16주 간의 수업을 그대로 실었으며 한 주당 세 개의 요리로 구성됩니다.
각각의 요리는 따로 즐겨도 좋지만 미니 코스 요리처럼 같이 즐길 경우
맛과 영양학적인 면에서 더 큰 시너지를 얻을 수 있는 조합입니다.
이 책을 따라 16주 간의 요리 수업을 마칠 즈음, 자신의 시그니처 요리가 하나쯤 생긴다면
요리하는 사람으로서 큰 기쁨입니다.

와인은 평범한 식탁을 분위기 있게 만드는 역할을 합니다. 이를 빼놓을 수 없어서
한 계절의 클래스가 마무리되는 지점에 제철 요리와의 밸런스를 고려한
혹은 단독으로 즐겨도 좋은, 테이블 와인을 추천합니다.

이런저런 이유로 외식이 어려울 때 요리를 할 수 있고 나눌 수 있다는 것에 감사합니다.
저의 요리가 사랑하는 이들과 따뜻한 마음을 나누고
늘 다음 자리를 기약하게 만드는 메신저가 되기를 희망합니다.

— 스푼엠 스튜디오에서 목진희

지금 이 순간 어떤 재료가 제철이고
어떤 요리를 하면 좋을지 바로 알게 되어 참 좋다.

신계숙 배화여대 전통 조리과 교수

요리사가 계절에 따라 음식을 준비하고 담아 낸다는 것은 당연한 것처럼 보이지만 품을 많이 팔아야 하는 일이다. 스푼엠의 목진희 선생이 봄, 여름, 가을, 겨울 사계절을 담은 요리책을 냈다. 고대 동양인은 1년을 24절기로 나누고 그 절기에 따라 살아왔다. 현대에 와서는 절기를 음력 달력에 표시된 고대 유물 정도로 생각하고 지내지만, 진정한 요리사가 되기 위한 첫걸음은 현대적 의미의 절기인 봄, 여름, 가을, 겨울의 제철 재료와 그 특성을 이해하는 것이다. 이 책만 있으면 지금 이 순간 어떤 재료가 제철이고 어떤 요리를 하면 좋을지 바로 알게 되어 참 좋다. 한 주에 3품씩 메뉴도 짜주었으므로 그대로만 하면 미니 코스 요리로도 손색이 없다. 나도 이렇게 만들어보고 싶다.

집밥을 고급스럽게 차리거나
와인을 좋아하는 사람들에게 추천하고 싶은 책이다.

이양지 마크로비오틱 요리 연구가

5년전 마크로비오틱 식생활지도사 과정에서 만난 인연으로 목진희님의 소식을 자주 접하면서 느낀 점은, 그녀가 누구를 만나고 어디를 가든 늘 배움의 기회로 삼는다는 것이다. 그러한 배움의 자세가 결실을 맺은 이번 책은 레시피에서 자신만의 색깔을 분명히 드러냈고, 메뉴 구성 또한 훌륭하다. 어려운 요리를 집에서 쉽게 만들 수 있도록 친절하게 설명하고, 제철 재료의 장점을 잘 살렸다. 집밥을 고급스럽게 차리고 싶거나 와인을 좋아하는 사람들에게 추천하고 싶은 책이다.

목진희님은 요리에 매우 뛰어난 재능과 열정을 가졌다. 마크로비오틱과 궁중음식연구원을 거쳐 지난 수년 간 요리에 관한 다양한 지식을 쌓아왔다. 2020년에는 르 꼬르동 블루에 입학해 요리 디플로마 과정을 이수하며 여러 마스터 쉐프들에게 사사한 경험을 더해 「청담동 프라이빗 요리수업-집밥으로 즐기는 미니 코스 요리」를 집필했다.

이 책은 요리란, 한 해 자연이 주는 다양한 맛, 향 그리고 영양을 지닌 선물들을 재발견하는 과정으로의 초대임을 보여준다. 각각의 레시피는 독자들도 쉐프의 요리처럼 근사한 음식을 만들 수 있는 방법으로, 집에서도 멋진 요리를 경험할 수 있는 순간을 선사할 것이다.

이 책은 재료 선택에서부터 조리법, 플레이팅에 이르기까지 르 꼬르동 블루에서 배운 기술들을 잘 담고 있다. 저자는 제철 재료를 주로 사용하며 여러 문화가 녹아 들어간 요리에 한국적인 색깔을 입혀 보여 주며 우리에게 많은 영감을 준다.

목진희님의 두 번째 책 발간을 축하하며 앞으로 많은 성공과 행운이 함께 하기를 바란다.

"Commanderie des Cordons Bleus"는 전 세계 동문을 아우르는 네트워크로, 관련 분야의 많은 전문가가 이에 참여하고 활발히 활동하고 있다.

Jin-Hee Mok is talented and passionate when it comes to Food. Throughout the years, she has perfected her knowledge in this area on several levels, having studied macrobiotic diets in 2016 and Korean Royal Cuisine in 2018. In 2020, she joins Le Cordon Bleu in Korea at the Sookmyung Academy to study the Cuisine Diploma. While still learning the great knowledge inherited from the great masters of Cuisine, she embarks on another adventure, writing the book, 청담동 프라이빗 요리수업-집밥으로 즐기는 미니 코스 요리, which stands before you today.

In this book, cooking is an invitation to re-discover what nature has to offer throughout the year, including taste, flavor, and nutritional benefits. Each dish proposed is also a moment to enjoy and share with friends and family at home, with the precision of a Chef.

The recipes in this book reflect the techniques and precision learned at Le Cordon Bleu, from the selection of ingredients, the cooking styles to the presentation of the dishes. While thoroughly respecting the seasonality of the products, Jin-Hee offers a multicultural feast with touches of Korean cuisine that is truly inspiring.

We can imagine great things from Jin-Hee Mok. As her second book sees the light of day, we wish her continued success.

Commanderie des Cordons Bleus gathers all its Alumni from around the world, to take part in its unique international network of professionals and make the most of it.

차례

가을

겨울

요리를 시작하기 전에

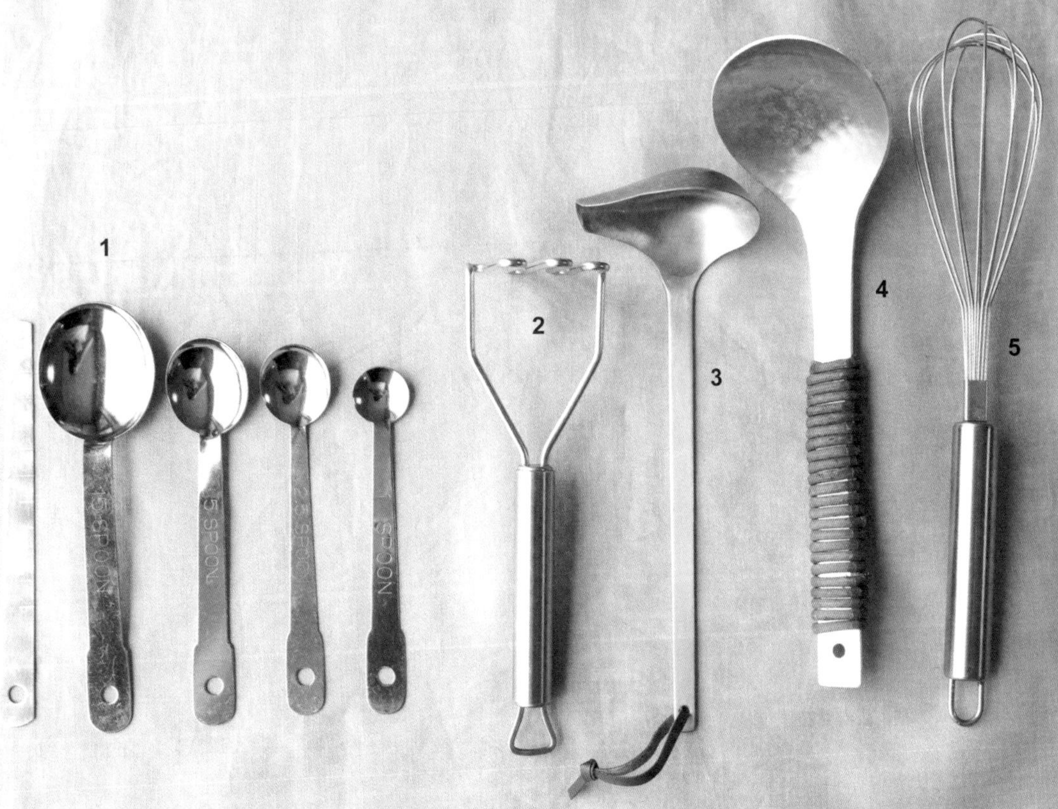

1 재료의 길이를 일정하게 다듬을 때 사용하는 자와 계량용 스푼

2 삶은 감자나 고구마, 단호박 등을 으깰 때 사용하는 포테이토 매셔

3 수프나 카레, 소스류를 흘리지 않고 그릇에 담을 수 있도록 한쪽 끝이 모아진 국자

4 국물 요리나 찌개류를 건더기와 함께 덜어낼 때 편리한 다소 납작하면서 넓은 국자

5 달걀을 풀거나 재료를 섞을 때 사용하는 거품기

6 요리하기 전 생선 가시를 발라내는 생선용 트위저

7 갈아 낸 재료를 털어낼 때 사용하는 나무 채

조리도구

주방에 챙겨 두면 꼭 요긴하게 쓰이는 도구들이 있다. 요리에 재미가 붙으면 주방용품에도 눈이 가기 마련인데 값비싼 브랜드의 도구보다는 구하기 쉽고 사용이 편리한 제품을 추천한다. 도구의 특징과 사용법을 충분히 익히고 나면 어느 순간 길들여진 도구에 애착이 생기고 무엇이 필요한지도 알게 된다.

8 생강, 생 와사비, 유자 껍질 등 작은 크기의 재료를 곱게 갈 때 사용하는 강판(오로시가네)

9 섬세한 플레이팅이나 음식의 담음새를 정돈할 때 편리한 요리용 트위저

10 감자, 당근, 우엉 등 뿌리 채소의 껍질을 벗기는 필러

11 단단한 채소를 일정한 굵기로 빠르게 채 칠 수 있는 채칼

12 크고 단단한 재료를 갈 때 사용하는 일본 강판의 한 종류(도깨비방망이를 닮았다고 해서 오니 오로시가네라고도 함)

13 단단한 질감의 고형 치즈나 어란(보타르가) 등의 재료를 곱게 갈 때 사용하는 그레이터

조미료란?

조미료(調味料)의 사전적 의미는 음식의 맛을 알맞게 맞추는 데 쓰이는 재료, 즉 '양념'이다. 간혹 조미료를 MSG(monosodium glutamate)와 혼동해 안 좋게 보는 경우가 있는데 MSG는 화학적인 방법으로 맛을 낸 인공 조미료를 말한다. 일반적으로 조미료는 소금, 설탕, 고춧가루 등 음식의 간을 맞추고 맛을 내는 데 필요한 자연 재료를 뜻한다.

기본 육수 만들기

이 책은 주로 다시마와 표고 우린 물을 육수로 사용한다.

다시마 (6X6cm) 1장, 건표고버섯 1~2개, 물 1ℓ

찬물에 다시마와 표고버섯을 넣고 냉장고에서 하루 동안 천천히 우리다가
충분히 우려지면 다시마와 버섯을 걸러 내고 사용한다.
남은 육수는 일주일 동안 냉장 보관이 가능하다.

계량하기

우리나라는 보통 한 컵을 200㎖로 정하지만, 국제 표준량은 240㎖이다. 요리 책의 경우 국내와 외서에 표기된 한 컵 분량이 다를 수 있으니 미리 점검해 두자. 이 책의 1컵 용량은 240㎖이며 1큰술은 15㎖, 1작은술은 5㎖, 1국자는 100㎖이다. 액체류일 경우 cc = g = ㎖ 이라고 생각하면 쉽다.

많은 양(1컵 이상)의 물이나 오일 같은 액체류를 계량할 때는 유리 소재로 된 파이렉스 계량컵이 좋다. 가격도 경제적이고 쉽게 깨지지 않아 구비해두면 여러모로 편리하다. 계량컵을 반드시 평평한 바닥에 놓고, 계량컵 높이에 시선을 맞춰야 정확한 계량이 가능하다. 맛을 제대로 내기 위해 정확하게 계량하는 것도 중요하지만 짠맛, 매운맛, 단맛은 취향에 맞게 조절하는 것이 바람직하다. 어떤 레시피를 따르더라도 조리 도중 맛을 보는 것이 좋다. 재료나 양념을 추가하기 전과 추가한 후의 맛을 기억하고 그러한 경험들이 축적되면서 자신만의 팁과 레시피가 탄생한다.

솥밥 물 맞추기

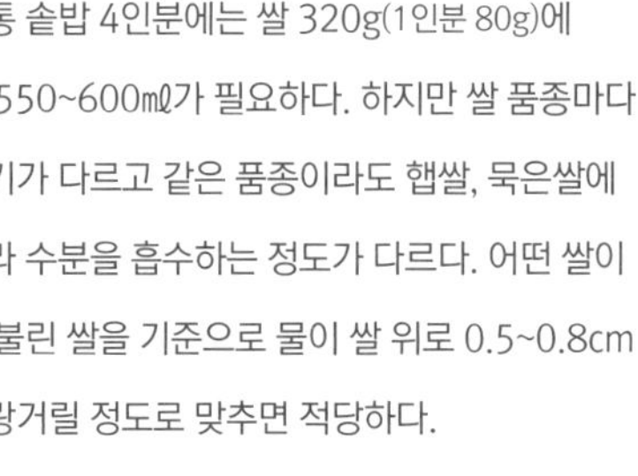

보통 솥밥 4인분에는 쌀 320g(1인분 80g)에 물 550~600㎖가 필요하다. 하지만 쌀 품종마다 찰기가 다르고 같은 품종이라도 햅쌀, 묵은쌀에 따라 수분을 흡수하는 정도가 다르다. 어떤 쌀이든 불린 쌀을 기준으로 물이 쌀 위로 0.5~0.8cm 찰랑거릴 정도로 맞추면 적당하다.

튀김 노하우

오일을 넉넉히 붓는다.

오일이 넉넉하지 않으면 재료가 충분히 익기도 전에 겉만 타버릴 수 있다.

튀김 재료를 한 번에 많이 넣지 않는다.

많은 양의 재료로 인해 오일의 온도가 낮아지면 재료에 흡수되는 오일의 양이 증가하면서 맛이 느끼해진다.

자주 뒤집지 않는다.

모양이 부서지고 충분히 익지 않는다.

식힘 망에 올려서 기름을 뺀다.

갓 튀겨낸 튀김을 망이 아닌 일반 그릇에 올리면 바닥에 닿는 튀김 면이 눅눅해지고 오일이 바닥에 고여 바삭함이 덜하다.

튀김 온도를 일정하게 유지한다.

튀김 재료를 오일 안에 넣고 나면 오일의 온도가 살짝 떨어진다. 오일의 온도가 재료를 넣기 전과 비슷하게 유지될 수 있도록 재료를 한 번에 많이 넣지 않는다. 온도가 일정 한도 이상 올라갈 경우 불을 줄여 온도를 일정하게 유지시킨다.

조리 중간중간 거름망으로 튀김 부스러기를 거른다.

조리 도중 오일 안으로 튀김가루나 튀김옷이 가라앉게 되는데 이를 중간중간 제거하지 않으면 오일 색이 금방 탁해지고 튀김 색이 고르지 않다.

재료 고르기 & 손질법

봄/

주꾸미

고르기

주꾸미는 머리 부분과 껍질에 상처가 적고 매끄러우며 색이 선명하고 움직임이 활발한 것이 좋다.

손질

1) 주꾸미를 밀가루(표면과 살이 상할 수 있어서 소금은 추천하지 않는다)에 바락바락 비벼서 불순물을 제거한 후 물에 깨끗이 씻는다.
2) 깨끗해진 주꾸미 머리를 들어 올려서 가위로 한쪽 면을 자른다.
3) 내장 부분의 연결 막을 가위로 제거하고 내장이 터지지 않게 주의하며 내장을 덩어리째 제거한다.
4) 다리 안쪽의 주꾸미 입을 양옆에서 눌러 볼록하게 돌출되면 가위로 제거한다.

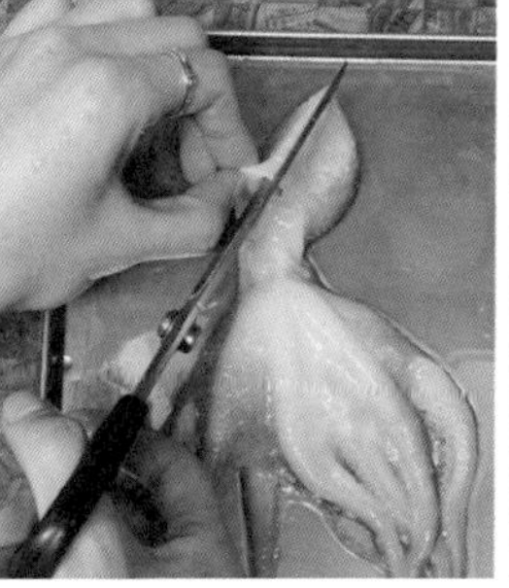

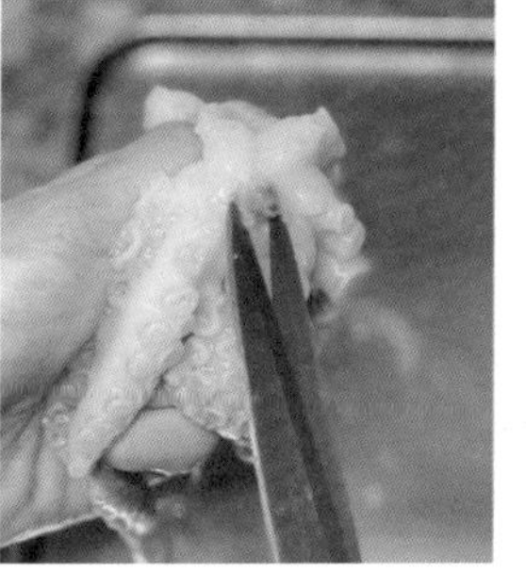

봄/

죽순

고르기

4월부터 맛볼 수 있는 죽순은 먹을 수 있는 부분에 비해 껍질이 차지하는 비율이 크므로

통통하고 무게가 있으면서 겉잎이 마르지 않은 것을 고른다.

잘라낸 죽순이라도 하루 이틀이 지나면 더 자랄 정도로 성장이 빠르다.

구입 후에는 최대한 빨리 손질해야 맛이 좋다.

손질 및 보관

1) 잎사귀 끝이 모여 있는 뾰족한 고깔 모양의 끝부분을 사선으로 자른다.

2) 널찍한 밑동의 딱딱한 부분을 자른다.

3) 깊은 양수 냄비에 물을 넉넉히 붓고 쌀겨 1컵과 페퍼론치노 4~5개 (또는 건고추 1개)를 같이 넣고 끓인다.

4) 죽순 크기에 따라 50분~1시간가량 물이 넘치지 않도록 불을 조절해 가며 끓인다.

5) 불을 끄고 3시간 정도 그대로 식힌 뒤 찬물에 담갔다가 껍질을 벗긴다.

6) 딱딱한 아래 동은 과일을 깍듯 돌려 깍아, 먹을 수 있는 속살만 남긴다.

7) 넓직한 아래 동은 큐브형으로 잘라 솥밥이나 국거리에 사용하고, 고깔 부위는 4등분 한 뒤 각종 볶음 요리나 나물 요리에 원하는 크기로 잘라서 사용한다.

8) 남은 죽순은 생수에 잠기도록 담아서 냉장고에 보관한다.

봄/

민물 장어

고르기

장어는 배 부분이 하얗고, 등 부분이 어두운 회색이나 진한 갈색을 띠는 것이 좋다.

눈알이 맑고 선명하며 움직임이 활발한 것을 고른다.

손질

장어는 유난히 점액질이 많아 기초 손질을 집에서 하기 어렵다.

보통 장어는 머리와 내장이 제거된 상태로 판매되므로 특별한 도구나 기술이 없으면 집에서 손질하는 것을 추천하지 않는다.

기초 손질이 끝난 장어를 샀다면 조리 전 미끈거리는 점액질부터 제거한다.

1) 도마를 개수대 안쪽으로 살짝 기울여 놓고, 껍질이 있는 곳을 위로 장어를 펼친다.

2) 껍질 부분에 끼얹듯 뜨거운 물을 흘려 붓는다.

3) 찬물에 바로 담갔다가 꺼내서 하얗게 변한 점액질을 칼날로 깔끔하게 긁어 낸다.

4) 거즈로 물기를 제거하고 조리한다.

여름/

완두콩

고르기

완두콩은 깍지가 단단하고 적당히 움켜잡았을 때 알이 꽉 찬 느낌이 들수록 좋다.
색이 푸르고 선명하며 껍질이 무르지 않은 것을 고른다.

손질 및 보관

완두콩을 장기 보관하려면 구입 후 껍질을 모두 벗기고 냄비에 물과 소금을 넣고
7~10분 정도 삶아 그대로 한 김 식힌 뒤 체에 밭쳐 물기를 빼고
지퍼백에 담아 냉동 보관한다.

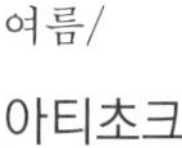

아티초크

고르기

4~6월 초까지 즐길 수 있는 아티초크는 생산지와 품종에 따라 맛이 약간씩 다르므로 미리 수확 시기를 확인하고 구입하는 것이 좋다. 겉잎을 충분히 벗겨 속대 위주로 요리하므로 잎이 묵직하고 무르지 않아야 한다. 우리나라에서는 제주도에서 생산되는데 봄부터 초여름까지 백화점 식품관이나 대형 마트에서 살 수 있다.

손질

뾰족한 윗부분을 살짝 잘라 반으로 가르고 솜털 같은 수술을 숟가락으로 파낸 후 필요한 크기로 다듬어 사용한다. 손질 후 바로 조리하지 않을 경우 레몬즙을 발라 두면 갈변을 막을 수 있다.

가을/

버섯

고르기

버섯은 갓이 갈라지거나 흠이 없는 것으로 고른다. 건조 버섯이 아닌 이상 수분과 탄력이 있고 도톰한 것이 좋다. 표고버섯은 거북이 등껍질처럼 갈라지고, 향이 진한 것을 고른다.

손질 및 보관

버섯은 80% 이상이 수분으로 채워져 있어 물에 직접 씻으면 버섯 특유의 향이 감소한다. 키친타월에 물을 적셔서 버섯의 갓 부분을 닦아주듯 이물질을 제거하고 갓 안쪽의 주름 사이 이물질은 버섯의 밑동을 잘라낸 후 도마 위에 털어서 제거한다. 며칠 내로 사용할 경우 수분이 빠지지 않게 신문지에 말아서 냉장 보관하고 더 오래 보관하려면 삶아서 냉동시키거나 그대로 건조기에 말려 보관한다.

겨울/

굴

고르기

굴은 뽀얀 우윳빛이 돌며, 테두리가 짙은 회색이나 갈색을 띠는 것이 좋다.

손으로 살짝 만지면 탱탱하고 흐물거리지 않아야 한다.

싱싱한 굴은 쿰쿰한 비린내가 아닌 바닷물처럼 짠 내 가득한 비린 향이 난다.

손질 및 보관

1) 곱게 간 무 1컵에 굴을 넣고 손으로 살살 저어주며 이물질을 제거한다.
   (무가 굴의 이물질을 흡착한다. 적당히 씻어서 나온 봉지 굴을 사용할 경우 무 세척은 생략해도 좋다.)
2) 볼에 찬물 1ℓ를 넣고 굴 양에 따라 굵은 소금 1~2큰술을 넣은 뒤 적당히 녹인다.
3) 굴을 소금물 안에 넣고 살살 흔들면서 이물질을 한 번 더 제거한다.
4) 손으로 살살 부드럽게 저어 주다가 굴 껍데기 조각이 잡히면 제거한다.
5) 체에 받쳐 용도에 따라 적당히 물기를 제거한다.

Spring

3~5월

첫째 주 클래스

고소한 파스타와 담백한 가자미 구이를 동시에 즐기는 **버터 소스 가자미 파스타**

상큼하고 깔끔해서 사이드 디쉬로 좋은 **총각무 피클**

처트니 소스의 달콤하면서도 은은한 시나몬 향이 입맛을 당기는 **애플 처트니 소스 돼지 뼈 등심 스테이크**

버터 소스 가자미 파스타

1인 기준

가자미 1마리
스파게티 면 70g
이탈리안 파슬리 3줄기
통마늘 2개
샬롯 2개
밀가루 1큰술
레몬 슬라이스 약간

버터 15g
화이트와인 비네거 30㎖
화이트와인 40㎖
오일 2큰술
소금, 후추

소스
버터 100g
생크림 30g
사프란 1꼬집
레몬즙 1큰술
화이트와인 30㎖
소금, 후추 1꼬집씩

1 팬에 버터 15g을 녹여 잘게 채 썬 샬롯과 살짝 으깬 통마늘 2개를 넣고 가볍게 볶는다.
2 향이 올라오면 화이트와인 40ml, 화이트와인 비네거 30ml을 넣고 약불에서 졸여 수분을 날린다.
3 샬롯과 통마늘에 수분이 날아가면 생크림 30g, 사프란 1꼬집을 넣고 골고루 섞고 버터 100g을 넣는다.
4 버터가 녹으면 체에 걸러 샬롯과 마늘은 빼주고 소금과 후추를 1꼬집씩 넣어 간한다.
5 화이트와인 30ml, 레몬즙 1큰술을 넣어 소스를 완성한다.
6 가자미는 소금, 후추로 밑간하고 밀가루를 가볍게 묻혀 준비한다.
7 팬에 오일을 2큰술 정도 두르고 가자미를 5~6분간 굽는다.
• 자주 뒤집지 말고, 두 번 정도 뒤집어서 다 익힌다고 생각한다. 가자미 크기에 따라 굽는 시간을 조절한다.
8 끓는 물에 소금 2큰술을 넣고 스파게티 면을 포장지에 안내된 시간보다 2분가량 덜 삶는다. 면수는 버리지 말고 따로 덜어 둔다.
9 5에서 완성한 소스에 삶은 면을 넣고 중약불로 볶는다.
10 농도를 보며 면수를 추가하고, 면에 소스가 충분히 배도록 2분가량 볶는다.
11 간을 본 후 접시에 가자미와 파스타를 올리고 레몬 슬라이스를 곁들인다.
12 이탈리안 파슬리를 다져서 살짝 뿌린다.

총각무 피클

4인 기준

총각무 한 단
(약 2kg, 무 13~14개)

피클 물
식초 500㎖
생수 500㎖
설탕 400㎖
피클링 스파이스 2큰술
소금 2큰술(취향에 따라 가감)

1 총각무는 필러로 껍질을 벗기고 질기거나 거친 줄기를 다듬어서 깨끗하게 씻는다.
  • 줄기에 솜털 가시가 많으니 조심해서 다듬는다.

2 먹기 좋은 크기로, 세로로 4등분 한다.

3 피클 물 재료를 냄비에 모두 넣고 팔팔 끓인다.

4 열탕 소독한 유리병에 총각무를 차곡차곡 담고 끓인 피클 물을 붓는다.
  • 끓인 피클 물을 체에 밭쳐 피클링 스파이스는 거르고 물만 부어 주면 깔끔하다.

5 한 김 식힌 후 뚜껑을 닫고 상온에서 2일 정도 숙성시켜 냉장 보관한다.

애플 처트니 소스 돼지 뼈 등심 스테이크

4인 기준

돼지 목살 뼈 등심(1마디 두께) 4덩어리
홀 그레인 머스터드 1큰술
소금, 후추, 오일

처트니 소스
사과 ½개
식초 3큰술
설탕 4큰술
버터 15g
물 60㎖
시나몬 파우더 2꼬집

1 두꺼운 뼈 등심을 준비해 양면에 소금과 후추를 1꼬집씩 뿌려 1시간 이상 밑간한다.
2 사과는 껍질을 벗기고 씨를 제거해서 0.5x0.5cm 크기의 큐브형으로 자른다.
3 냄비에 버터와 사과를 넣고 가볍게 볶는다.
4 식초 3큰술, 설탕 4큰술, 물 60㎖를 넣고 뚜껑을 닫은 채 가장 약한 불로 중간중간 타지 않게 저어 주며 4~5분 간 푹 익힌다.
5 노릇하게 잘 익은 사과 처트니에 시나몬 가루 2꼬집을 섞어서 미지근하게 식힌다.
6 김이 날 정도로 달궈진 팬에 오일을 충분히 두르고, 돼지 목살 뼈 등심을 올려 익힌다.
• 한 면당 1분씩 4~5분간 골고루 돌려가며 익히고 두께에 따라 1~2분 정도 굽는 시간을 가감한다.
7 5의 식힌 사과 처트니에 홀 그레인 머스터드 1큰술을 넣어 고르게 섞고, 소금과 후추로 간한다.
8 그릇에 스테이크를 담고 처트니 소스를 보기 좋게 올린다.

둘째 주 클래스

잣 소스로 맛을 낸 고소하고 깔끔한 **잣 소스 해물 냉채**

버섯과 파르마지아노 레지아노 치즈의 진한 풍미 **표고버섯 튀김**

제철 주꾸미의 쫄깃함과 미나리의 향긋함이 느껴지는 **주꾸미 미나리 솥밥**

잣 소스 해물 냉채

4인 기준

대하(또는 흰다리 새우) 4~5마리
주꾸미 1마리
삶은 죽순 50g
오이 ⅓개
대추 1개
오일
소금 1큰술(오이 절임용)
잣 약간

● **잣 소스**
잣가루 4큰술
간장 1작은술
물 2큰술
소금 1꼬집
참기름 ½큰술
겨자 약간(취향껏)
설탕 1꼬집
후추 약간

1 분량의 소스 재료를 모두 한데 넣고 거품기로 고르게 섞는다.
2 주꾸미를 끓는 물에 30~40초 정도 삶아서 찬물에 식히고 체에 밭쳐 물기를 뺀다. p.15 주꾸미 손질 참조
3 대하는 칼집을 내서 등과 배의 내장을 제거하고 끓는 물에서 3~4분간 데친다.
• 데칠 때 청하를 살짝 넣으면 잡내를 제거할 수 있다.
4 오이를 어슷하게 썰어서 소금에 절인 후 물기를 빼고 오일을 약간 두른 팬에 볶아서 식힌다.
5 삶은 죽순을 얇게 썰어서 오일을 약간 두른 팬에 볶아서 식힌다.
6 3의 데친 대하를 껍질과 머리를 떼고 얇고 어슷하게 썬다.
7 대추는 씨를 제거하고 김밥 말듯 돌돌 말아 얇고 동그란 모양으로 자른다.
7 주꾸미 다리를 하나하나 얇게 썰어서 손질해 놓은 대하와 오이, 죽순과 함께 잣 소스에 버무린다.
8 접시에 담고 대추와 잣을 데코용으로 올린다.

표고버섯 튀김

4인 기준

표고버섯(또는 송화 버섯) 4개
튀김가루(버섯 덧가루용) 3큰술
오일(튀김용) 넉넉히
파르마지아노 레지아노 치즈 약간
(또는 페코리노 로마노 치즈)

튀김 반죽
튀김가루(박력분) 1컵
달걀 물 1컵
(달걀 1개, 물 500㎖를 충분히 저은 후 거품을 걷어내고 사용한다. 달걀 물을 만드는 최소한의 분량이며 여기서는 일부만 사용한다.)

1 표고버섯을 물에 적신 키친타월로 살살 닦는다. p.20 버섯 손질 참조

2 버섯 기둥은 바짝 잘라내고 갓 부분의 주름 사이 이물질은 털어서 제거한다.
• 기둥은 보관했다가 다시마 육수에 사용하면 좋다.

3 튀김가루를 곱베 체 친다.

4 튀김가루 1컵을 달걀 물 1컵에 세 번 나눠 넣으며 중간중간 밀가루 덩어리가 보이게 섞는다. 그래야 튀김의 식감이 좋다.

5 버섯 갓에 튀김가루를 묻힌 후(튀김옷이 벗겨지지 않고 고르게 붙을 수 있도록) 가볍게 털어 준다.

6 튀김 냄비에 오일을 넉넉히 붓고 180도로 달군다. p.14 튀김 노하우 참조

7 8의 버섯을 튀김 반죽에 넣어 튀김옷을 입힌 후 튀김 냄비에 넣고 1분간 그대로 둔다. 그래야 튀김옷이 흐트러지지 않는다.

8 버섯 반죽이 벗겨지지 않게 살짝 뒤집어서 튀기다가 튀김옷이 고정 되면 앞뒤로 살살 뒤집으며 속까지 익힌다.

9 노릇해지면 채반이나 키친타월에 올려서 기름을 뺀다.

10 보기 좋게 그릇에 담고 파르마지아노 레지아노 치즈를 듬뿍 갈아 올린다.

주꾸미 미나리 솥밥

4인 기준

주꾸미 4~5마리
쌀 320g
쫑쫑 썬 미나리 ½컵
깨 2꼬집
생강즙 1큰술
참기름 1큰술
밀가루 2큰술

● 양념간장
진간장 5큰술
생수 2큰술
참기름 1큰술
다진 쪽파 2큰술
다진 마늘 ½작은술
맛술 1큰술
깨 1작은술

다시마 표고 육수
다시마(6X6cm) 1장
건표고버섯 1~2개
물 1ℓ
p.12 기본 육수 만들기 참조

1 쌀을 씻어서 30분 이상 물에 불린 후 체에 밭쳐 물기를 뺀다.
2 양념간장은 미리 만들어서 냉장고에 넣어 둔다.
3 볼에 주꾸미와 밀가루 2큰술을 넣고 바락바락 비벼서 점액질과 이물질을 제거한다. p.15 주꾸미 손질 참조
4 다리 아래 있는 주꾸미 입을 제거하고 끓는 물에 30초간 살짝 데쳐 먹기 좋은 크기로 썬다. 주꾸미 데친 물은 버리지 않는다.
5 불린 쌀을 솥에 넣고 육수와 주꾸미 삶은 물을 1:1 비율로 섞어 밥물(물이 쌀 위로 0.5~0.8cm 찰랑거릴 정도)을 맞춘다. p.13 솥밥 물 맞추기 참조
6 뚜껑을 연 채로 강불에서 끓이다가 보글보글 끓으면 바닥을 긁듯 골고루 쌀을 섞는다.
7 뚜껑을 닫고 제일 약한 불로 줄여 15분간 끓인다.
8 불을 끈 후, 데쳐 둔 주꾸미와 생강즙 1큰술을 넣고 10분간 뜸을 들인다.
9 쫑쫑 썬 미나리와 참기름, 깨를 솥밥에 넣고 살살 섞는다.
10 그릇에 덜어 양념간장을 넣고 비벼 먹는다.

셋째 주 클래스

구운 닭 다릿살과 아삭한 야채, 입맛 돋우는 간장 소스의 어울림 **닭 다릿살 유린기 샐러드**

깔끔하고 시원한 맛이 일품인 **백합탕 면**

양념 불고기에 제철 죽순을 듬뿍 넣고 지은 영양 만점 **소고기 죽순 솥밥**

닭 다릿살 유린기 샐러드

4인 기준

닭 다릿살 350g
양상추 ¼통
양파 ¼개
잘게 썬 대파 3큰술
오일
풋고추 ½개
홍고추 ½개

닭 다릿살 밑간 양념
청하 4큰술
소금 4꼬집
후추

● 소스
양조간장 50㎖
레몬즙 2큰술
물 1큰술
맛술 1큰술
설탕 1큰술
다진 마늘 ½작은술
깨 약간

1 양상추와 양파는 슬라이스해서 찬물에 담가 둔다.
2 풋고추, 홍고추는 송송 썰고, 잘게 썬 대파는 찬물에 담가 둔다.
3 분량의 소스 재료를 모두 섞어서 냉장고에 넣어 둔다.
4 흐르는 물에 닭 다릿살을 씻은 후 밑간 양념을 해서 1시간 이상 재운다.
5 재워 둔 닭 다릿살을 키친타월로 닦아 물기를 없앤다.
6 달군 팬에 오일을 두르고 닭 다릿살 껍질을 팬 바닥에 닿게 올려서 2분간 굽는다.
7 껍질 부분이 노릇하고 바삭하게 익으면 뒤집어서 살코기 부위도 2분 정도 골고루 익힌다.
- 기름이 많이 튈 수 있으니 은박지로 팬 위를 살짝 덮으면 좋다.
- 크기나 두께에 따라 익는 시간이 다르니 껍질이 노릇하고 바삭해질 때까지 골고루 뒤집으며 익힌다.

8 다 익은 닭 다릿살은 껍질을 위로 채반에 올려 한 김 식힌다.
9 물기를 뺀 양상추, 양파, 대파를 넓은 접시에 담는다.
10 한 김 식어 바삭해진 닭 다릿살을 먹기 좋은 크기로 잘라서 고추와 함께 채소 위에 올리고 3의 소스를 붓는다.

백합탕 면

4인 기준

백합 200~250g	**육수**
국수 320g (1인분 80~100g)	물 1.5ℓ
표고버섯 1개	다시마(4x4cm) 3장
팽이버섯 50g	건표고 2개
대파 ⅓대	대파 흰 대 1개
풋고추(또는 청양고추) ½개	무 50g
홍고추 ⅓개	통마늘 3개
쑥갓 4~5줄기	소금 2큰술(기호에 따라 가감)
소금, 후추	

1. 바닷물 농도와 비슷한 소금물에 백합을 넣고 뚜껑을 덮어 빛을 차단한 후 냉장고에서 1시간 이상 해감한다.
2. 해감한 백합을 깨끗하게 씻는다.
3. 표고버섯을 슬라이스하고, 대파는 어슷하게 썬다. 풋고추와 홍고추는 쫑쫑 썰어 준비한다.
4. 팽이버섯의 밑동을 제거하고 먹기 좋게 뜯어 둔다.
5. 냄비에 소금을 제외한 나머지 육수 재료를 모두 넣고 센 불에서 끓이다가 팔팔 끓으면 약불로 줄여 30분 이상 육수를 우린 후 기호에 맞게 소금으로 간하고 체에 밭쳐 육수만 거른다.
6. 국수를 삶아서 체에 밭쳐 물기를 뺀다.
7. 냄비에 5의 육수를 붓고 끓으면 백합, 대파, 풋고추, 홍고추, 표고버섯, 팽이버섯을 한꺼번에 모두 넣는다.
8. 소금, 후추로 간을 맞춘다.
9. 국수를 모양 잡아 그릇에 담고 면이 흐트러지지 않도록 국수 주변에 육수를 붓는다.
10. 백합, 표고버섯, 팽이버섯, 대파, 고추, 쑥갓을 고명으로 올린다.

STAUB
STAUB

소고기 죽순 솥밥

4인 기준

소고기 불고기 감 100g	**소고기 밑간 양념**	**다시마 표고 육수**
쌀 320g	진간장 2큰술	다시마(6X6cm) 1장
삶은 죽순 80g	참기름 1큰술	건표고버섯 1~2개
생강즙 1큰술	설탕 ⅓작은술	물 1ℓ
참기름 2큰술	맛술 1큰술	p.12 기본 육수 만들기 참조
물 1큰술	후추 약간	
깨 약간		
소금		

1 쌀은 씻어서 30분 이상 물에 불리고 체에 밭쳐 물기를 뺀다.
2 소고기를 먹기 좋게 썰어서 밑간 양념에 재워 둔다.
3 삶은 죽순은 먹기 편한 크기로 작게 큐브형으로 자르고
팬에 참기름 1큰술과 소금 1꼬집을 넣고 가볍게 볶는다. p.16 죽순 손질 참조
4 밑간한 소고기는 달군 팬에 물 1큰술을 넣고 뭉쳐지지 않게 볶는다.
5 다시마 표고 육수에 소금 1큰술을 넣고 간간하게 밑간한다.
6 불린 쌀을 솥에 넣어 참기름 1큰술과 생강즙 1큰술을 넣고 중약불로 가볍게 볶은 후
다시마 표고 육수로 밥물(물이 쌀 위로 0.5~0.8cm 찰랑거릴 정도)을 맞춘다. p.13 솥밥 물 맞추기 참조
6 뚜껑을 열어둔 채 강불에서 끓이다가 보글보글 끓으면 바닥을 긁듯 쌀을 골고루 섞는다.
7 뚜껑을 닫고 제일 약불로 줄여서 15분간 끓인다.
8 15분이 지난 솥밥은 불을 끄고 볶은 죽순과 밑간해 둔 소고기를 넣고 10분간 뜸을 들인다.
9 참기름 1큰술과 깨를 넣고 살살 섞는다.

넷째 주 클래스

제철 죽순을 넣어 아삭한 식감을 살리고 영양도 챙기는 **해산물 죽순 볶음**

쫄깃하고 바삭하게 구운 소고기 찹쌀 구이에 깻잎 채를 곁들여 별미로 즐기는 **소고기 찹쌀 구이**

정성이 가득 담긴 영양 만점 **장어 솥밥**

해산물 죽순 볶음

4인 기준

삶은 죽순 100g	● **소스**
애호박 ½개	오일 2큰술
표고버섯 2개	고추기름 2큰술
관자 2개	간장 2큰술
새우 8마리	맛술 1큰술
청경채 2개	참기름 2큰술
다진 마늘 1작은술	후추 약간
오일, 소금	

1 분량의 소스 재료를 모두 한데 넣고 고르게 섞는다.
2 삶은 죽순을 먹기 좋게 슬라이스하고 애호박은 껍질을 돌려깍기 해서 굵게 채 썬다.
3 청경채는 크기에 따라 2~4등분 한다.
4 표고버섯의 갓과 기둥을 분리하고 기둥의 딱딱한 밑동을 잘라 낸다.
5 버섯의 갓을 먹기 좋게 슬라이스하고 기둥은 손으로 찢는다.
6 새우는 머리를 제거하고 껍질을 벗긴 후 꼬리의 뾰족한 물주머니를 제거한다.
7 관자를 얇게 슬라이스하고 새우는 세로로 반을 가른다.
8 팬에 오일 2큰술과 다진 마늘 1작은술을 넣고 타지 않게 볶아 향을 낸다.
9 모든 채소와 관자, 새우를 한꺼번에 넣고 가볍게 볶는다. • 채소에서 물이 나와 센 불에 빨리 볶는 게 좋다.
10 새우의 색이 변하기 시작하면 1번 소스를 넣고 1~2분 정도 볶다가 간을 본다. • 추가 간은 소금으로 한다.
11 채소와 해산물이 골고루 익으면 보기 좋게 그릇에 담는다.

소고기 찹쌀 구이

4인 기준

육전용 소고기 200~250g
파채 한 줌
깻잎 한 줌
찹쌀가루 2컵
오일

고기 밑간
진간장 60㎖
청하 60㎖
맛술 4큰술
다진 마늘 1꼬집
후추

● 겨자 소스
진간장 3큰술
물 2큰술
맛술 1큰술
식초 1큰술
다진 마늘 약간
설탕, 깨 약간씩
겨자(기호에 따라 조절)

1 겨자 소스를 한데 넣고 고르게 섞는다.
2 고기는 밑간 재료로 한 장씩 겹겹이 쌓으면서 밑간하고 최소 3시간 이상 재운다.
3 파채는 아삭한 식감을 위해 잠시 차가운 물에 담가 둔다.
4 깻잎을 채 썬다.
5 재워둔 고기에 찹쌀가루를 앞뒤로 묻히고 오일을 넉넉히 두른 팬에 살짝 튀기듯 굽는다.
6 접시에 물기를 뺀 파채와 채 썬 깻잎, 소고기 찹쌀 구이를 올리고 겨자 소스를 곁들인다.
7 고기에 파와 깻잎 채를 올려서 겨자 소스에 찍어 먹는다.

장어 솥밥

4인 기준

손질된 장어 700g
쌀 320g
생강채 20g
다진 쪽파 4큰술
생강즙 1큰술
물 60g

장어 밑간 및 숙성

청주 60㎖
맛술 60㎖
진간장 60㎖
물 100㎖

분량의 청주, 맛술, 진간장, 물을 냄비에 넣고 한소끔 끓어오르면 불을 끄고 식혀서 사용.

● 장어 소스

진간장 240㎖
청하 240㎖
물 100g
물엿 2큰술
흑설탕 100g
대파 흰 대 1대
양파 1개, 생강 30g
통후추 7~10알
계피 15g

다시마 표고 육수

다시마(6X6cm) 1장
건표고버섯 1~2개
물 1ℓ

p.12 기본 육수 만들기 참조

1 씻어낸 쌀을 30분 이상 물에 불린 후 체에 밭쳐 물기를 뺀다.
2 생강은 곱게 채 썰어 찬물에 담가 둔다.
3 기본 손질된 장어는 도마에 껍질을 위로 펼친 다음 표면에 뜨거운 물을 흘려 붓는다.
4 장어를 찬물에 담갔다가 꺼내서 껍질 부분의 점액을 긁어 낸다. p.17 장어 손질 참조
5 장어의 물기를 제거하고 장어 밑간 및 숙성 재료에 넣어 20분간 숙성시킨다.
6 장어 소스 재료를 냄비에 모두 넣고 팔팔 끓이다가 중약불로 줄여 진하게 우린다.
7 체에 밭쳐 소스만 걸러 낸다.
8 5에서 숙성시킨 장어는 중간중간 작은 꼬치를 끼운다.
9 넓은 냄비에 7의 장어 소스와 물 60㎖를 넣고 끓여서 장어를 데치듯 3분가량 익힌다.
10 소스는 따로 덜어 두고 장어를 살을 위로(껍질에 열이 오래 닿으면 질겨질 수 있어서) 180도 오븐에 넣고 중간중간 소스를 붓으로 발라가며 색을 입힌다.

〉〉 뒷장에 계속

〉장어 구이 과정

손질 숙성 소스 만들기

꼬치 끼우기 소스에 넣고 끓이기 오븐에 굽기

11 불린 쌀을 솥에 넣고 다시마 표고 육수로 밥물(물이 쌀 위로 0.5~0.8cm 찰랑거릴 정도)을 맞춘다. p.13 솥밥 물 맞추기 참조

12 뚜껑을 열어둔 채로 강불에서 끓이다가 보글보글 끓으면 바닥을 긁듯 골고루 쌀을 섞는다.

13 뚜껑을 닫고 제일 약불로 줄여서 15분간 끓인다.

14 불을 끄고 10분간 뜸을 들인다.

15 오븐에서 충분히 색을 입힌 장어는 토치로 불향을 한 번 더 입힌다.

16 솥밥에 다진 쪽파와 장어를 올리고 장어 위에 생강즙 1큰술을 뿌린다.

17 덧바르고 남은 소스를 장어 위에 살짝 바른다.

18 장어를 먹기 좋게 썰어 생강채와 함께 곁들여 먹는다.

Far Niente
VINTAGE 2016
NAPA VALLEY
Chardonnay
2015
MEURSAULT
Olivier Leflaive

봄에 즐기기 좋은 와인

산뜻하고 향긋한 식재료가 풍성한 봄에는
적당히 산미가 있고 미네랄리티가 풍부한 샤도네이를 추천한다.
샤도네이의 가벼우면서도 버터리하고, 헤이즐넛 같은 고소한 풍미가 봄의 재료와 완벽한 조화를 이룬다.
풍부한 아로마가 돋보이는 프랑스 부르고뉴의 뫼르소와
살짝 강한 풍미가 매력적인 미국의 샤도네이는
어느 음식과도 궁합이 잘 맞아서 자주 추천하는 와인이기도 하다.

파 니엔테, 샤도네이
Far Niente, Chardonnay

키슬러, 레 누아제티에 샤도네이
Kistler, Les Noisetiers Chardonnay

올리비에 르플레브, 뫼르소
Olivier Leflaive, Meursault

Summer

6~8월

첫째 주 클래스

초당 옥수수 특유의 톡톡 터지는 식감이 매력적인 **초당 옥수수 닭가슴살 샐러드**

달콤한 무화과와 고소한 브리 치즈를 빵에 올려 캐주얼하게 즐기는 **무화과 브리 치즈 바이트**

여름철 입맛 없을 때 옥수수 튀김을 곁들여 별미로 즐기는 **옥수수 튀김 죽**

초당 옥수수 닭가슴살 샐러드

4인 기준

닭가슴살 150g
초당 옥수수 250g
아보카도 ½개
파프리카(빨간색) ½개
샬롯 1개
그라나 파다노 치즈 2큰술
참기름 1큰술

소스
셰리 식초 2큰술
홀 그레인 머스터드 1작은술
올리브오일 2큰술
소금 약간
후추 2꼬집

1 분량의 소스 재료를 모두 한데 넣고 고르게 섞는다.
2 닭가슴살을 삶아서 먹기 좋게 찢어 놓는다.
3 달군 팬에 참기름 1큰술을 두르고 닭가슴살을 노릇하게 익힌다.
4 초당 옥수수를 세워서 옥수수 알만 길게 잘라 낸다.
5 아보카도와 파프리카를 1x1cm 크기의 큐브형으로 자른다.
6 샬롯을 얇게 슬라이스한다.
7 접시에 모든 재료를 풍성하게 담고 소스를 뿌린다.
8 그라나 파다노 치즈를 갈아 올린다.

무화과 브리 치즈 바이트

4인 기준

식빵(또는 바게트) 4개

브리 치즈 200g

무화과 2~3개

믹스 너츠 40g

설탕 3큰술

꿀(또는 메이플 시럽) 1큰술

버터 약간

1 빵을 버터에 노릇하게 구워 2등분 한다.

2 무화과를 슬라이스한다.

3 브리 치즈를 전자레인지에 10~15초 정도 데워서 노릇하게 구운 빵 위에 펴 바른다.

4 슬라이스한 무화과를 올리고 믹스 너츠를 올린다.

5 설탕을 살살 뿌려서 토치로 녹인다.

6 접시에 담고 꿀을 살짝 뿌린다.

옥수수 튀김 죽

4인 기준

옥수수 2개
튀김가루 2큰술(옥수수 덧가루용)
찹쌀 200g
들기름 2큰술
오일(튀김용)
소금

가츠오부시 육수
다시마(3X3cm) 2장
물 1ℓ
가츠오부시 3g
무 50g

반죽
튀김가루 100g
달걀 물 100㎖
(달걀 1개와 물 500㎖를 섞어서 거품을 걷어 내고 이 중 100㎖만 사용)

1 찹쌀은 씻어서 1시간 이상 불린다.
2 냄비에 가츠오부시를 뺀 나머지 육수 재료를 모두 넣고 팔팔 끓으면 약불로 10분간 더 끓이다가 다시마만 건져 낸다.
3 2에 가츠오부시를 넣고 불을 끈 채 5분간 그대로 두었다가 체에 밭쳐 건더기는 모두 걸러내고 육수만 남긴다.
4 옥수수는 알알이 떼어 내 튀김가루 2큰술을 넣고 버무린다.
5 달걀 물 100㎖와 튀김가루 100g을 4의 옥수수에 넣고 섞어서 옥수수 알이 흐트러지지 않고 적당히 덩어리로 뭉쳐지도록 국자에 담는다.
6 170도로 예열된 튀김 냄비에 국자에 올린 옥수수를 살짝 넣고, 모양을 잡아 주며 2분 정도 튀긴다.
7 모양이 흐트러지지 않게 조심히 뒤집어서 1분 정도 더 튀긴다.
8 불린 찹쌀은 들기름 2큰술을 넣고 볶다가 중간중간 가츠오부시 육수를 1국자씩 넣어 3분간 볶는다.
9 육수 600㎖를 넣고 저어주면서 5분간 더 끓인다.
10 불을 끄고 뚜껑을 닫은 채 10분 정도 뜸을 들인다.
11 원하는 농도에 맞게 육수를 추가한 후 소금으로 간한다.
12 그릇에 담고 튀긴 옥수수를 넉넉히 올린다.

여름

둘째 주 클래스

정갈한 모양과 다채로운 색감으로 담음새가 좋은 **궁중 호박선**

전통 소갈비찜 맛 그대로 **궁중 소갈비찜 구이**

궁중 보신 냉국 임자수탕에 면을 곁들인 **임자수탕 면**

궁중 호박선

4인 기준

애호박 1개
소고기 다짐육 50g
건표고버섯 1개
달걀 1개
홍고추 1개
다진 잣 1작은술
소금

국물
청간장 1작은술
물 200㎖
소금 1작은술

● 고기 버섯 양념
간장 1큰술
다진 쪽파 1작은술
다진 마늘 ½작은술
참기름 ½작은술
깨 1꼬집
후추

1 고기 버섯 양념을 모두 한데 넣고 고르게 섞는다.
2 애호박을 4cm 길이로 썰어서 열십자(十) 모양으로 칼집을 낸다.
3 애호박을 끓는 소금물에 넣고 5분가량 데친다.
4 소고기 다짐육을 칼로 곱게 다져서 핏물을 뺀다.
5 건표고버섯을 물에 30분 이상 불려서 곱게 채 썰고 1의 양념장에 고기와 버섯을 넣고 버무린다.
6 데친 애호박의 물기를 닦아내고 칼집 낸 자리에 5의 소를 채운다.
7 달걀은 흰자와 노른자를 분리해 지단을 부친 후 한 김 식혀서 곱게 채 썬다.
8 끓는 물 200㎖에 소금 1작은술과 청간장 1작은술을 넣어 국물을 만든다.
9 소를 채운 6의 호박선을 8에 넣고 제일 약불로 줄인다.
10 숟가락으로 중간중간 국물을 호박에 끼얹으며 2분간 끓인다.
11 호박이 연하게 익으면 그릇에 국물이 자작하게 호박을 담고 달걀 지단과 잘게 썬 홍고추, 잣을 올린다.

궁중 소갈비찜 구이

4인 기준

찜용 갈비 1kg
통마늘 3개
대파 흰 대 1대
생강 1톨
통후추 1작은술
잣 약간

● 갈비 양념

배(갈아서) 150㎖
잣가루 2꼬집
다진 마늘 1큰술
다진 파 2큰술
설탕 2큰술
간장 5큰술
청하 2큰술
맛술 2큰술
참기름 1큰술
깨 2꼬집
후추

1 갈비 양념을 모두 한데 넣고 고르게 섞는다.
2 찜용 갈비는 찬물에 담가 충분히 핏물을 뺀다.
3 냄비에 갈비가 잠길 정도로 물을 충분히 넣고 끓인다.
4 물이 끓으면 갈비와 대파, 통마늘, 생강, 통후추를 넣고 30분 정도 삶는다.
5 고기를 건져 내어 힘줄이나 기름기를 제거하고 중간중간 칼집을 낸다.
6 육수는 기름기를 걷어 내고 따로 덜어 둔다.
7 냄비에 5의 갈비와 갈비 양념 ½을 넣고 버무린다.
8 갈비가 잠길 정도로 6의 육수를 붓고 한소끔 끓인다.
9 30~40분 정도 지나서 국물이 자박자박 해지고 갈비가 충분히 익으면 갈비를 덜어 낸다.
10 남은 양념장을 갈비에 붓으로 골고루 바르고 220도로 예열한 오븐에서 10분 내외로 익힌다.
- 충분히 익은 상태이므로 겉면이 노릇해지면 오븐에서 꺼낸다.
- 오븐이 없다면 9번 단계에서 갈비를 15분간 더 익힌 후 토치로 불 향을 내도 좋다.

11 그릇에 담고 잣을 뿌린다.

임자수탕 면

4인 기준

국수 320g(1인분 80~100g)
닭(껍질은 제거하고 살만) 1마리
불린 표고버섯 1개
오이 ⅓개
달걀 1개

홍고추 ½개
대파 1대
마늘 5쪽
생강 1톨
소금, 백후추

국물
닭 육수 1.5ℓ
깨 100g
잣 100g
백후추, 소금

1 깊은 냄비에 물을 넉넉히 붓고 닭과 대파, 마늘, 생강을 넣고 푹 삶는다.
2 닭고기는 살만 발라내고 소금과 백후추로 밑간한다.
3 닭 육수를 차갑게 식혀서 기름기를 말끔히 제거한다.
4 깨와 잣을 마른 팬에 살짝 볶아서 한 김 식힌다.
5 3의 닭 육수와 볶은 깨, 잣을 믹서에 넣고 간다.
6 5를 면보에 깔끔하게 걸러내고 소금과 백후추로 밑간한 후 냉장고에 넣어 차갑게 보관한다.
7 달걀은 황·백 지단을 만들어 마름모꼴로 모양 낸다.
8 불린 표고버섯을 가늘게 채 썬다.
9 오이는 돌려깍기 후 가늘게 채 썰고, 홍고추는 얇게 송송 썬다.
10 국수를 삶아서 찬물에 헹구고 물기를 뺀다.
11 그릇에 면을 곱게 말아 담고 2에서 밑간해 둔 닭고기 살과 황·백 지단, 표고버섯, 오이를 올린다.
12 시원해진 6의 국물을 면 주변에 천천히 붓는다.

셋째 주 클래스

수박을 좀더 색다르고 고급스럽게 즐기고 싶다면 **수박 청포도 가스파초**

리코타 치즈와 구운 아티초크로 고소하고 담백하게 즐기는 **리코타 아티초크 토스트**

완두콩을 듬뿍 넣어 색감도 좋고 영양도 풍부한 여름철 별미 **완두콩 스리나가시 국수**

수박 청포도 가스파초

4인 기준

애플수박 1통

청포도 10알

파프리카(빨간색) 1개

올리브오일 4큰술

화이트와인 비네거 1큰술

레몬즙 2큰술

소금 3꼬집

1 수박은 껍질을 벗기고 씨앗을 분리해 과육만 남긴다.

2 파프리카의 겉껍질을 토치로 까맣게 그을린 후 찬물에 담갔다가 껍질을 벗겨 낸다.

3 청포도를 반으로 자른다.

4 수박 과육과 화이트와인 비네거, 레몬즙, 파프리카, 소금을 믹서에 넣고 간다.

5 개인 그릇에 4의 가스파초를 담고 청포도를 올린다.

6 마지막에 올리브오일을 1인당 1작은술씩 뿌리고 취향에 따라 소금을 추가한다.

리코타 아티초크 토스트

4인 기준

식빵 4장
리코타 치즈 200g
생바질 4장
아티초크 1개
올리브오일 2큰술
레몬즙 1큰술
소금, 후추

리코타 치즈와 올리브오일, 바질, 아티초크를 모두 섞어서 토스트 위에 얹어 먹어도 좋다.

1 식빵을 바삭하게 구워서 스틱 모양으로 자른다.
2 아티초크는 뾰족한 상단을 자르고 반으로 자른다. p.19 아티초크 손질 참조
3 주변에 질기고 거친 잎사귀들을 잘라내고 자른 단면에 올리브오일을 바른다.
4 오일을 바른 부위에 소금과 후추를 뿌리고 220도 오븐에서 30분간 굽는다.
5 구운 아티초크는 부드러운 속살만 뜯어 내고 레몬즙을 뿌린다.
6 식빵에 리코타 치즈와 바질을 올린다.
7 아티초크를 작게 잘라서 치즈 위에 올리고 올리브오일을 뿌린다.

완두콩 스리나가시 국수

4인 기준

국수 320g

완두콩 300g

(캔이나 팩에 포장된) 삶은 닭가슴살 50g

레몬제스트 1작은술

다시마 육수 300~400㎖ p.12 기본 육수 만들기 참조

소금

1 냄비에 물 1*l* 와 소금 1큰술을 넣고 끓인다.

2 겉껍질을 제거한 완두콩을 넣고 10분가량 충분히 삶는다.

3 삶은 완두콩을 찬물에 식혀서 속 껍질을 벗긴다. (사진)

4 다시마 육수와 완두콩을 믹서에 넣고 곱게 갈아서 소금으로 적당히 간하고 냉장고에서 차갑게 보관한다.

p.18 완두콩 손질 참조

5 끓는 물에 소금 1큰술을 넣고 국수를 삶아서 차가운 물에 여러 번 헹군 후 체에 밭쳐 물기를 뺀다.

6 그릇에 국수를 곱게 말아 담고 4의 완두콩 스리나가시를 붓는다.

7 가늘게 찢은 닭가슴살을 고명으로 올리고 레몬제스트를 살짝 뿌린다.

여름

넷째 주 클래스

알록달록한 색감과 새콤달콤한 맛, 눈과 입이 즐거운 **산딸기 복숭아 샐러드**

가지를 자작한 소스에 담가 촉촉하고 부드럽게 즐기는 **가지 아게다시**

제철 성게알의 깊은 단맛이 느껴지는 **성게알 시소 파스타**

산딸기 복숭아 샐러드

4인 기준

산딸기 200g
천도복숭아 2개
깍지콩 3줄기
타임 약간

● 소스
다진 셀러리 1큰술
화이트와인 비네거 2큰술
레몬제스트 2꼬집
올리브오일 2큰술
소금, 후추 약간씩

1 분량의 소스 재료를 모두 한데 넣고 고르게 섞는다.
2 깍지콩을 소금물에 3~4분가량 데친다.
3 데친 깍지콩은 얼음물에 식혀서 물기를 제거한다.
4 천도복숭아는 씨를 제거하고 먹기 좋게 자른 후 달군 그릴 팬에 그릴 자국이 남도록 구워서 차갑게 식힌다.
5 깍지콩과 천도복숭아를 소스에 버무려서 그릇에 담는다.
6 산딸기를 샐러드 주변에 올리고 타임으로 장식한다.

가지 아게다시

4인 기준

가지 2개
무(갈아서) 2큰술
부부아라레 약간
쪽파 초록 대 2줄기
홍고추 ¼개
오일(튀김용)

● 소스
쯔유 2큰술
생수 3큰술
간장 1작은술
맛술 1큰술

1 분량의 소스 재료를 모두 한데 넣고 고르게 섞는다.
2 가지 껍질을 중간중간 길게 벗겨서 손가락 두 마디 길이로 썬다.
3 쪽파는 잘게 쫑쫑 썬다.
4 홍고추는 토핑용으로 잘게 썬다.
5 180도로 달군 오일에 가지를 2분간 굴려 가며 튀기고 채반에 올려 기름을 뺀다.
6 오목한 그릇에 튀긴 가지를 담고 가지 주변에 소스를 촉촉하게 붓는다.
7 가지 위에 간 무를 올리고 다진 쪽파와 홍고추, 부부아라레를 올린다.

성게알 시소 콜드 파스타

4인 기준

카펠리니(또는 엔젤헤어) 면 280g
성게알 100g
시소 잎 8장(1인당 2장)
달걀노른자 4개
와사비(취향껏)
들기름 4큰술
소금 2큰술

● 소스
다시마 표고 육수 500㎖
다시마(6X6cm) 1장, 건표고버섯 1~2개, 물 1ℓ
p.12 기본 육수 만들기 참조
가츠오부시 30g
간장 4큰술
청하 2큰술
맛술 2큰술
소금 1큰술

1 다시마 표고 육수를 미리 만들어서 육수 500㎖에 간장과 청하, 맛술을 넣고 끓인다.
2 육수가 끓고 나면 불을 끄고 가츠오부시를 넣고 3분간 우려낸 후 체에 걸러 육수만 남긴다.
3 소금으로 육수의 간을 맞추고 차갑게 식혀 소스를 완성한다.
4 시소 잎을 잘게 채 썬다.
5 냄비에 물을 넉넉히 붓고 약간 짭조름할 정도로 소금 2큰술을 넣고 끓여서 카펠리니 면을 포장에 안내된 시간만큼 충분히 삶은 후 찬물에 헹구고 체에 밭쳐 물기를 뺀다.
6 면을 3의 차갑게 식힌 소스 400㎖와 들기름을 넣고 버무린다. 소스의 양은 입맛에 맞게 조절한다.
7 그릇에 면을 담고 시소 잎과 성게알, 달걀노른자를 올린다.
8 와사비를 취향껏 곁들인다.

ROEDERER
LOUIS ROEDERER
BRUT PREMIER
CHARLES HEIDSIECK
CHAMPAGNE
CHARLES
HEIDSIECK
Maison fondée à Reims en 1851
BRUT RÉSERVE

여름에 즐기기 좋은 와인

무더위로 입맛을 잃기 쉬운 계절,
풍성한 과실 향과 짜릿한 산미, 뽀글뽀글 탄산을 내뿜는 샴페인만큼 좋은 음료도 없다.
샴페인을 한 잔 들이켜는 순간 양 턱 끝이 찌릿하게 자극되며 잃어버린 입맛이 돌아온다.
여름 제철 과일과 채소로 만든 샐러드를 곁들이면 달콤함은 배가 되고
샴페인 특유의 청량감과 상쾌함이 기분을 상승시켜
어느 순간 집밥이 근사한 파티 요리처럼 느껴진다.

루이 로드레, 브뤼 프리미에

Louis Roederer, Brut Premier

찰스 하이직, 브뤼 리저브

Charles Heidsieck, Brut Reserve

FALL

9~11월

첫째 주 클래스

향긋한 바질 향과 짭조름한 연어알로 고급스러움을 더한 **연어알 바질 페스토 감자 샐러드**

어란과 애호박의 궁합이 감칠맛을 높이는 **보타르가(어란) 애호박 파스타**

간장 비빔국수에 보리굴비를 곁들여 담백하고 고소한 **보리굴비 비빔국수**

연어알 바질 페스토 감자 샐러드

4인 기준

연어알 200g(1인 50g)
감자 3개
오이 ¼개
양파 ¼개
설탕 1작은술
소금 1작은술

● 바질 페스토
바질 20g
잣 1큰술
그라나 파다노 치즈 2큰술
마늘 1톨
올리브오일 5큰술
소금, 후추

1 잣을 마른 팬에 살짝 볶아서 한 김 식힌다.
2 소스 재료 중 그라나 파다노 치즈를 제외한 모든 재료를 믹서에 갈아서 바질 페스토를 만든다.
3 바질 페스토에 그라나 파다노 치즈를 갈아서 섞는다. • 치즈에 간이 있으니 맛을 보며 소금으로 간한다.
4 감자를 끓는 물에 설탕 1작은술, 소금 1작은술을 넣고 10분가량 삶는다.
5 감자 3개 중 1개는 바로 으깨고, 나머지 2개는 살짝 식혀서 2x2cm 크기의 큐브형으로 자른다.
6 오이와 양파를 슬라이스해서 설탕 ¼작은술, 소금 ¼작은술을 넣고 살짝 절인다.
7 오이와 양파를 물에 가볍게 헹군 후 물기를 꼭 짠다.
8 감자와 오이, 양파, 바질 페스토를 고르게 섞는다.
9 그릇에 담고, 연어알을 넉넉히 올린다.

보타르가(어란) 애호박 파스타

4인 기준

스파게티 면 280g

어란 80g

애호박 ½개

페코리노 로마노 치즈 1큰술

마늘 2톨

올리브오일 80g

소금

1 마늘을 곱게 다진다. • 파스타는 다진 마늘보다 통마늘을 바로 다져 넣어야 맛있다.

2 애호박은 채 썰고 어란은 갈아 둔다. • 토핑용 어란은 따로 슬라이스해서 준비한다.

3 냄비에 물을 넉넉히 붓고 소금을 1큰술 이상(짭조름할 정도) 넣고 끓여서 스파게티 면을 포장지에 안내된 시간보다 2분가량 덜 삶는다. 면수는 버리지 말고 넉넉히 남겨 둔다.

4 팬에 올리브오일을 두르고 다진 마늘을 가볍게 볶는다.

5 애호박을 팬에 넣어 볶다가 숨이 죽으면 갈아 둔 어란을(토핑용으로 2큰술 남기고) 넣고 고르게 섞는다.

6 5에 면을 넣고 면에 소스가 잘 배도록 면수를 조금씩 나누어 넣으며 볶는다.

7 약간의 점성과 걸쭉한 농도가 되면 불을 끈다.

8 페코리노 로마노 치즈를 넣고 고르게 섞어 그릇에 담고 토핑용 어란을 파스타 위에 뿌린다.

9 올리브오일을 살짝 두른다.

보리굴비 비빔국수

4인 기준

국수 320g
쌀뜨물(보리굴비가 잠길 정도)
보리굴비 2마리
유즈코쇼 1작은술
파래 가루 약간
들기름 2큰술(1인당 1작은술)
청하 2~3큰술

비빔 소스
간장 1큰술
쯔유 5큰술
들기름 4큰술
레몬즙 2큰술

1 분량의 비빔 소스 재료를 모두 한데 넣고 고르게 섞는다.
2 보리굴비를 쌀뜨물에 1시간 이상 담가 비린내를 제거한다.
3 굴비 크기에 따라 청하 2~3큰술을 살짝 끼얹어 20분간 찐다.
4 국수를 삶아서 찬물에 헹구고 체에 밭쳐 물기를 뺀다.
5 충분히 물기를 뺀 국수에 비빔 소스를 넣고 비빈다.
6 그릇에 국수를 담고 보리굴비 살을 고명으로 올린다.
7 1인당 들기름 1작은술을 살짝 두르고 파래 가루, 유즈코쇼를 올린다.

둘째 주 클래스

달콤하고 고소해서 간식은 물론 안주로도 좋은 **곶감 호두 치즈말이**

달콤하고 짭조름하게 졸인 닭 다릿살에 우엉을 곁들여 식감을 살린 **닭 다릿살 우엉 데리야키**

포르치니 버섯의 진한 풍미가 입안 가득 전해지는 **포르치니 연어 솥밥**

곶감 호두 치즈말이

4인 기준

곶감 5개

호두 5~6알

크림치즈 100g

1 곶감은 씨를 발라내고 꼭지를 제거한다.

2 호두를 마른 팬에 살짝 볶아서 식힌다.

3 곶감 한쪽에 칼집을 내서 넓게 펼친 후 김발 위에 서로 겹치게 배열한다.

4 곶감 위에 크림치즈를 바르고 중앙에 호두 5~6개를 나란히 올린다.

5 김밥을 말듯 곶감을 살살 말아 준다.

6 랩으로 감싸 냉동실에서 1시간 이상 굳힌 후 먹기 좋은 크기로 썬다.

7 그릇에 정갈하게 담는다.

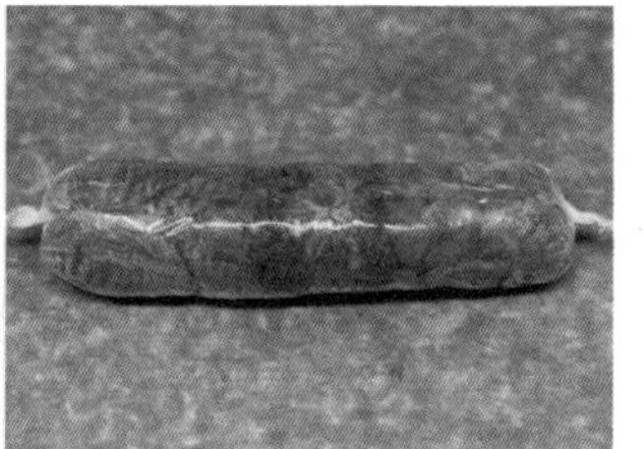

닭 다릿살 우엉 데리야키

4인 기준

닭 다릿살 4조각
우엉 15cm 1대
청피망 1개
식초 2큰술
참기름 1큰술
오일, 소금, 후추

● 데리야키 소스
생강 1톨
맛술 200㎖
간장 150㎖
청하 50㎖
설탕 2큰술

1 우엉은 껍질을 벗겨서 먹기 좋게 채 썰고, 갈변을 막기 위해 물 300ml에 식초 2큰술을 넣고 담가 둔다.
2 닭 다릿살을 흐르는 물에 가볍게 씻은 후 물기를 제거해 후추와 소금으로 밑간한다.
3 팬에 오일을 살짝 두르고 닭 다릿살의 껍질 부위가 팬에 닿도록 올려서 노릇하게 굽는다.
4 닭 다릿살을 다른 그릇에 담아 두고 사용하던 팬에 데리야키 소스 재료를 넣는다.
5 약불에서 2~3분간 졸이듯 바글바글 끓인다.
6 채 썬 우엉을 5번 팬에 넣고 우엉을 2분 정도 조린 후 마지막에 참기름 1큰술을 넣는다.
7 우엉을 덜어내고 구운 닭 다릿살과 두껍게 채 썬 피망을 팬에 넣고 가볍게 볶는다.
8 닭 다릿살에 소스가 골고루 배도록 2~3분간 약불에서 졸인다.
9 닭 다릿살과 피망, 졸여 둔 우엉을 그릇에 담는다.

포르치니 연어 솥밥

4인 기준

쌀 320g
스테이크용 연어 300g
건 포르치니 버섯 20g
쪽파 2큰술
버터 10g
오일
소금

연어 밑간
맛술 1큰술
소금 1꼬집
후추

1. 건 포르치니 버섯을 가볍게 씻은 후 미지근한 물에 불린다. 물은 버리지 않고 밥물로 사용한다.
2. 쌀을 씻어서 30분 이상 물에 불린 후 체에 밭쳐 물기를 뺀다.
3. 불린 포르치니 버섯의 물기를 빼고 잘게 다진다.
4. 포르치니 버섯을 불렸던 물에 소금을 넣고 간간하게 간한다.
5. 연어를 밑간 재료로 밑간한다.
6. 솥에 버터를 넣고 불린 포르치니 버섯을 30초 정도 가볍게 볶다가 쌀을 넣고 함께 볶는다.
7. 4의 포르치니 버섯 물을 쌀 위로 0.5~0.8cm 찰랑거릴 정도로 붓는다. p.13 솥밥 물 맞추기 참조
8. 뚜껑을 열어 둔 채 강불에서 끓이다가 보글보글 끓으면 바닥을 긁듯 쌀을 골고루 섞는다.
9. 뚜껑을 닫고 제일 약불로 줄여 15분간 끓인다.
10. 밥이 익는 동안 달군 팬에 오일을 두르고 중불에서 연어를 굽는다.
11. 연어를 자주 뒤집지 말고 앞뒤로 1번씩만 뒤집어 준다는 생각으로 굽는다.
12. 15분이 지났으면 솥밥의 불을 끄고 구운 연어를 솥 안에 넣고 10분간 뜸을 들인다.
13. 솥밥에 쫑쫑 썬 쪽파와 버터 10g을 넣고 고르게 섞어서 덜어 먹는다.

가을

셋째 주 클래스

연어와 야채를 잘게 잘라 시원하고 상큼하게 즐기는 **연어 세비체**

꽈리고추를 곁들여 칼칼함을 더한 **꽈리고추 닭날개 튀김**

매콤한 양념 굴을 넣은 한식 **굴 무침 카펠리니 콜드 파스타**

연어 세비체

4인 기준

횟 감 연어 300g
연어알 1큰술
방울토마토 5개
파프리카(노란색) ¼개
홍고추 ¼개
풋고추 ¼개
양파 ¼개
슬라이스 라임 ⅕개
레몬제스트 약간
올리브오일

소스
올리브오일 3큰술
레몬즙 1큰술
화이트와인 비네거 1큰술
다진 마늘 ½작은술
홀 그레인 머스터드 1작은술
소금 2꼬집
후추

1 분량의 소스 재료를 모두 거품기로 고르게 섞은 후 냉장고에 넣어 둔다.
2 양파는 얇게 채 썰어 찬물에 담가 아린 맛을 제거하고 체에 밭쳐 물기를 뺀다.
3 방울토마토는 반을 갈라 씨를 제거하고 1x1cm 큐브형으로 자른다.
4 파프리카는 방울토마토와 같은 크기로 자르고, 홍고추와 풋고추는 슬라이스한다.
5 연어도 채소와 같은 크기로 자른다.
6 연어와 방울토마토, 파프리카를 1의 소스로 버무려서 냉장고에 30분 정도 숙성시킨다.
7 그릇에 양파 슬라이스를 담고 숙성된 6의 세비체를 올린다.
8 홍고추, 풋고추를 세비체 위에 고르게 얹고 슬라이스한 라임을 곁들인다.
9 남은 소스를 마저 두르고 올리브오일과 레몬제스트, 연어알을 올린다.

꽈리고추 닭날개 튀김

4인 기준

닭날개 300~400g
전분 가루 200g
꽈리고추 5~6개
오일(튀김용)

닭 밑간
생강즙 1큰술
전분 가루 1큰술
맛술 2큰술
간장 30㎖
소금 2꼬집
후추

● 소스
다진 마늘 1작은술
설탕 3큰술
간장 4큰술
튀김 오일 60v
참기름 1큰술

1 흐르는 물에 닭날개를 깨끗이 씻어서 물기를 뺀다.
2 밑간이 잘 배도록 닭날개 중간중간 포크로 구멍을 낸다.
3 닭 밑간 재료로 닭날개를 밑간한 후 지퍼백에 넣고 냉장고에서 최소 3시간 이상 재운다.
4 꽈리고추 꼭지를 떼어 내고 이쑤시개로 구멍을 낸다.
5 재워 둔 닭날개에 전분 가루를 골고루 묻혀서 탈탈 턴다.
6 오일을 170도로 달구고 닭날개를 10분가량 노릇하게 튀긴 후 튀김 망에서 한 김 식힌다.
7 꽈리고추도 20초간 가볍게 튀긴 후 튀김 망에 식힌다.
8 오목한 웍에 소스 재료 중 튀김 오일과 간장, 설탕만 넣고 바글바글 끓인다.
9 거품이 골고루 올라오면 약불로 줄이고 다진 마늘과 참기름을 넣는다.
10 6의 튀긴 닭날개를 웍에 넣고 소스로 골고루 코팅한다.
11 코팅된 닭날개는 바삭하면서도 끈기가 있으니 약간의 간격을 두고 튀김 망에 올려 1~2분간 식힌다.
12 그릇에 닭날개를 담고 꽈리고추를 곁들인다.

굴 무침 카펠리니 콜드 파스타

4인 기준

카펠리니 면 280g
횟감용 굴 200g
쪽파 약간
들기름 4큰술
다시마 표고 육수 80㎖
p.12 기본 육수 만들기 참조
간장 2큰술
깨

● 굴 무침 양념
채 썬 양파(양파 $\frac{1}{5}$개 분량)
채 썬 당근 약간
다진 대파 흰 대 1큰술
고춧가루 5큰술
다진 마늘 1작은술
청간장 2큰술
맛술 2큰술
매실액 1큰술
올리고당 1큰술
액젓 1큰술
참기름 1큰술

1 굴 무침 양념 재료를 모두 섞어 양념장을 만든다. • 미리 만들어 두어야 양념이 겉돌지 않고 굴에 잘 밴다.
2 굴은 소금물에 살살 씻은 후 체에 걸러 물기를 뺀다. p.21 굴 손질 참조
3 카펠리니 면을 포장에 안내된 시간만큼 충분히 삶아서 찬물에 헹군 후 체에 밭쳐 물기를 뺀다.
4 굴 무침 양념으로 굴을 살살 무친 후 냉장고에서 30분 이상 숙성시킨다.
5 삶은 카펠리니 면을 다시마 우린 물과 들기름 3큰술, 간장 2큰술을 넣고 버무려서 그릇에 담는다.
6 카펠리니 면 위에 굴 무침을 올리고 들기름 1큰술을 두른 후 쫑쫑 썬 쪽파와 깨를 올린다.

가을

넷째 주 클래스

제철 버섯 향이 그대로 살아 있는 **모둠 버섯볶음 감자 퓌레**

불향을 입힌 소고기에 달걀노른자 소스를 곁들여 더욱 고소한 **비프 토스트**

크리미하게 즐기는 색다른 우동 **명란 소스 비빔 우동**

모둠 버섯볶음 감자 퓌레

4인 기준

감자 퓌레

감자 2개

생크림 70㎖

버터 20g

넛맥 파우더 1꼬집

설탕 1작은술

백후추 약간

모둠 버섯볶음

버섯 모둠 600g

p.20 버섯 손질 참조

통 베이컨 30g

구운 잣 1큰술

다진 마늘 1작은술

타임 4줄기

버터 20g

화이트와인 60㎖

발사믹 비네거 3큰술

올리브오일 1큰술

소금 2꼬집

후추

1 p.139의 감자 퓌레 레시피를 참고하여 감자 퓌레를 미리 만들어 둔다.

2 통 베이컨을 도톰하게 자른다. • 익으면 크기가 줄어들어 도톰하게 자르는 것이 좋다.

3 팬에 버터 10g을 넣고 통 베이컨과 모둠 버섯을 볶는다.

4 다진 마늘과 타임을 넣고 버섯을 30초 정도 더 볶는다.

5 화이트와인을 넣고 알코올 향이 날아갈 때까지 1~2분간 더 볶는다.

6 버섯이 노릇해지면 발사믹 비네거와 버터 10g을 추가하고 볶다가 소금과 후추로 간한다.

7 만들어 둔 감자 퓌레를 접시에 고르게 깔고 버섯볶음과 구운 잣을 올린다.

8 올리브오일 1큰술을 살짝 두른다.

비프 토스트

4인 기준

식빵 4쪽
소고기(불고기용) 200g
버터 10g
참기름 1작은술
오일
크러쉬드 페퍼(취향에 따라)

노른자 소스
달걀노른자 3개
레몬즙 1큰술
참기름 1큰술

소고기 밑간
간장 2큰술
맛술 1큰술
생강즙 1작은술
참기름 1큰술
설탕 1작은술

1 소고기는 키친타월로 핏물을 닦은 후 밑간 양념으로 3시간 이상 재운다.
2 팬에 버터를 살짝 두르고 식빵 양면을 노릇하게 구워서 식힌다.
3 팬에 오일을 살짝 두르고 밑간한 소고기를 수분기 없이 고슬고슬하게 바짝 볶는다.
4 식빵을 반으로 잘라 한쪽 면에 버터를 바른다.
6 소고기를 빵 위에 올린 후 토치를 이용해 고기 표면에 불향을 입힌다.
7 분량의 소스 재료를 모두 섞어 노른자 소스를 만든다.
8 고기 위에 참기름과 노른자 소스를 두른다.
9 취향에 따라 크러쉬드 페퍼를 살짝 뿌린다.

명란 소스 비빔 우동(명란 가마타마 우동)

4인 기준

생우동 면 800g
신선한 달걀 4개
채 썬 시소 잎 약간
쪽파 약간

● 소스
명란젓 2알
마요네즈 2큰술
쯔유 2큰술
생크림 2큰술

신선한 달걀이라면 수란을 만들 때 식초나 소금을 넣지 않아도 된다.
여기서는 백 명란을 사용했지만 붉은 양념이 된 명란도 좋다. 명란의 짠 맛에 따라 쯔유 양을 조절해 넣는다.

1 달걀은 15분 전에 미리 꺼내 놓는다.
2 깊은 냄비에 물을 넣고 끓이다가 물이 끓기 직전 기포가 올라올 때, 약불로 줄이고 긴 젓가락을 이용해 물에 회오리를 만들어 준다.
3 회오리 한 가운데에 최대한 물에 가깝게 달걀을 넣고 2분가량 냄비 가장자리 주변을 젓가락으로 살살 둥글게 저어 주며 수란을 만든다.
4 수란을 살짝 국자로 건져 찬물에 담가 더는 익지 않게 한다.
5 명란의 껍질을 벗긴 후 소스 재료를 넣고 고르게 섞는다.
6 우동 면은 삶아서 찬물에 헹군 후 체에 밭쳐 물기를 뺀다.
7 우동 면을 소스로 버무린다.
8 그릇에 우동면과 소스를 담고 수란과 쫑쫑 썬 쪽파, 채 썬 시소 잎을 올린다.

FLEUR DE
FONPLEGADE
GRAND CRU
2012
NUITS-ST-GEORGES
"AUX LAVIÈRES"
2016
DOMAINE JEAN GRIVOT

가을에 즐기기 좋은 와인

땅속 에너지가 그대로 식재료에 전해지는 가을,
탄닌이 강하고 맛이 묵직한 보르도 와인은 완숙한 가을의 정취와 닮았다.
진한 흙냄새와 달콤한 베리류의 부케가 입안 가득 전해지는 보르도 와인은
적당히 산미가 있어 어느 음식과도 궁합이 좋다.
특유의 부드러운 탄닌과 과일 향을 지닌 부르고뉴의 피노누아도
가을에 추천하고 싶은 와인이다.
부르고뉴로 시작해서 보르도로 마무리해 보면 어떨까.

샤토 퐁플레가드, 생떼밀리옹 그랑 크뤼
Chateau Fonplegade, Saint-Emilion Grand Cru

도멘 장 그리보, 뉘생조르쥬 오 라비에르
Domaine Jean Grivot, Nuits St Georges Aux Lavieres

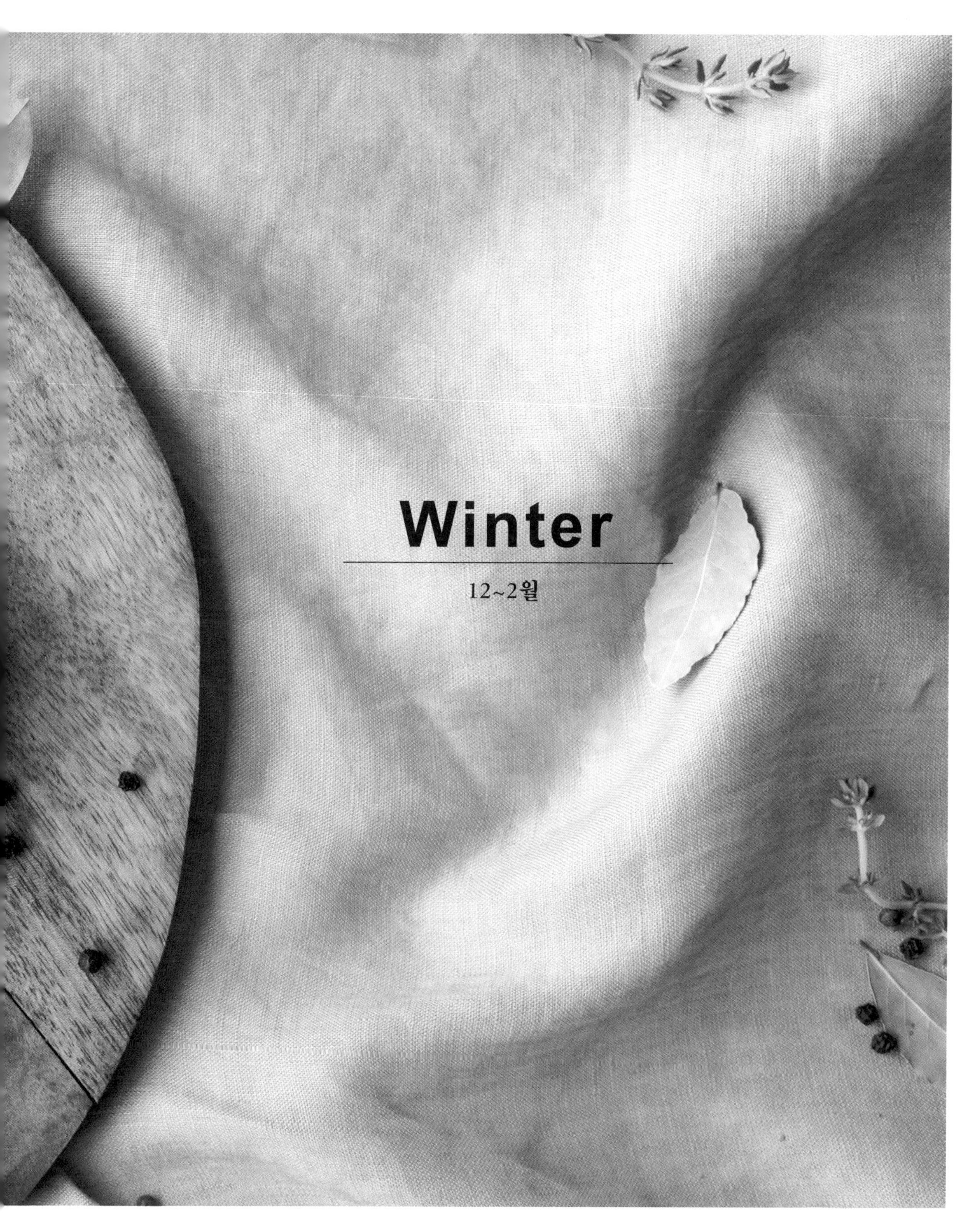

Winter

12~2월

겨울

첫째 주 클래스

밸런스 좋은 모둠 채소로 즐기는 건강한 **퀴노아 모둠 채소 가니쉬**

녹진하게 끓인 와인 소스로 풍미를 높인 **감자 퓌레를 곁들인 와인 소스 스테이크**

퀴노아 모둠 채소 가니쉬

4인 기준

퀴노아 100g
방울토마토 4개
양파 ¼개
애호박 ⅓개
감자 1개
바질 잎 4~5장
건포도 1큰술
소금

소스
다진 마늘 1작은술
올리브오일 4큰술
발사믹 비네거 2큰술
레몬즙 2큰술
소금 1꼬집
후추 약간

1 분량의 소스 재료를 한데 넣고 거품기로 고르게 섞는다.
2 애호박을 큼직하게 잘라 오일을 두른 팬에 가볍게 구워 내고, 방울토마토는 먹기 좋게 자른다.
3 양파는 얇게 슬라이스해서 찬물에 담가 아린 맛을 제거한다.
4 냄비에 분량의 퀴노아와 소금 1작은술, 물 500㎖를 넣고 10분간 끓인다.
5 퀴노아를 체에 밭쳐 물기를 빼고 식힌다.
6 감자는 껍질을 벗겨서 이등분하고 끓는 물에 소금 1작은술을 넣고 삶는다.
7 삶은 감자를 토마토 크기에 맞춰 자르고 바질 잎은 먹기 좋은 크기로 자른다.
8 볼에 퀴노아와 토마토, 양파, 애호박, 감자, 바질, 건포도를 담고 1번 소스로 살살 버무린다.
9 그릇에 담고 바질을 보기 좋게 올린다.

감자 퓌레를 곁들인 와인 소스 스테이크

4인 기준

감자 퓌레

감자 2개

생크림 70㎖

버터 20g

넛맥 파우더 1꼬집

설탕 1작은술

백후추 약간

소금

스테이크

채끝 스테이크(두께 2.5cm) 500g

오일

소금, 후추

● 와인 소스

샬롯 3개

레드와인 240㎖

발사믹 비네거 30㎖

버터 10g

설탕 2큰술

소금 2꼬집

후추

스테이크를 단독으로 즐겨도 좋지만 감자 퓌레를 곁들이면 요리의 풍미와 식감이 한층 부드러워진다.
사진처럼 퓌레를 접시에 넓게 펼쳐 담고 고기를 올리면 퓌레가 와인 소스와 자연스럽게 어우러져
하나의 소스처럼 편하게 즐길 수 있다. 퓌레를 원치 않는다면 다음 페이지의 와인 소스 스테이크 과정부터 시작한다.

감자 퓌레

1 감자는 깨끗이 씻어서 껍질을 벗긴다.

2 냄비에 감자가 잠길 정도의 물과 소금 1큰술, 감자 껍질을 넣고 끓인다.

3 물이 끓으면 감자를 넣어 15분가량 익히고 껍질은 버린다.

• 감자 껍질의 고소함이 감자에 밴다.

4 잘 익은 감자는 뜨거울 때 체에 밭쳐 곱게 거른다.

5 볼에 감자와 분량의 버터, 생크림, 설탕,
소금 2꼬집(입맛에 따라 가감)을 넣고 고르게 섞는다.

6 원하는 질감에 따라 생크림을 추가해도 좋다.

7 맛을 본 뒤 후추와 넛맥 파우더를 살짝 추가한다.

• 넛맥은 향이 강해 1꼬집 정도면 충분하다.

● 와인 소스 스테이크

1 스테이크용 고기는 굽기 1시간 전 상온에 꺼내 온도를 올린다.

2 후추로 밑간한 다음 굽기 직전 소금을 마사지하듯 고기 표면에 문지른다.

3 샬롯을 잘게 채 썰어서 버터를 두른 팬에 반투명하게 볶는다.

4 분량의 레드와인과 설탕을 넣고 중약불에서 녹진하게 졸인다.

5 분량의 발사믹 비네거를 넣고 소금과 후추로 간한다.

6 소스가 걸쭉해질 때까지 약불에서 3분가량 더 졸인 후 체에 밭쳐 소스만 걸러 낸다.

7 오일을 두른 팬에 스테이크용 고기를 올리고 강불에서 1분 30초가량 그대로 익힌다.

• 굽는 시간은 미디엄 레어 기준, 고기 두께에 따라 시간을 30초~1분 정도 가감한다.

8 고기를 뒤집어서 뒷면도 똑같이 1분 30초가량 익힌다.

9 고기를 좌우로 돌려 가며 측면도 1~2분 정도 익힌 후 불을 끄고 5분간 레스팅 시간을 갖는다.

10 넓은 접시에 보기 좋게 담고 소스를 뿌린다.

겨울

둘째 주 클래스

캐쥬얼하면서도 든든하게 즐기는 **쉬림프 과카몰리 타코**

블루 치즈의 진한 향이 크림 파스타의 풍미를 한층 살려주는 **블루 치즈 크림 파스타**

두툼한 스테이크가 미각을 자극하는 **스테이크 샌드위치**

쉬림프 과카몰리 타코

4인 기준

또르띠야 4개
냉동 새우 10~20마리
양상추 ¼개
양파 ¼개
고수 취향껏
파프리카 파우더 ½작은술
큐민파우더 ½작은술
레몬즙 또는 라임즙 약간
후추 3꼬집
오일, 소금

과카몰리
아보카도(잘 익은 것) 2개
샬롯 1개
토마토 1개
올리브오일 2큰술
레몬즙 2큰술
소금 1꼬집
후추

사워크림 소스
생크림 500㎖
무가당 요거트 200㎖
레몬즙 2큰술

1 사워크림 소스는 하루 전날 미리 만들어 둔다. 분량의 소스 재료를 모두 섞어서 상온에서 12시간, 냉장고에서 2시간 숙성시킨다.
2 아보카도 1개는 곱게 으깨고, 나머지 1개는 살짝 씹히는 맛을 위해 큐브형으로 자른다.
3 토마토는 물이 생기지 않도록 씨 부분을 제거하고, 샬롯은 잘게 다진다.
4 2와 3의 과카몰리 재료를 한데 넣고 섞어 과카몰리를 완성한다.
5 양상추와 양파는 슬라이스하고, 양파는 물에 담가 아린 맛을 제거한다.
6 냉동 새우는 찬물에 넣어 해동하고 후추와 큐민파우더를 넣고 밑간한다.
7 오일을 두른 팬에 밑간한 새우를 넣어 볶다가 파프리카 파우더를 넣어 향이 배도록 볶은 뒤 덜어 둔다.
8 5의 양상추와 양파의 물기를 빼서 사워크림 소스 2큰술을 넣고 고루 섞는다.
9 마른 팬을 불에 살짝 달구고 물 1큰술을 한쪽으로 뿌려 습도를 높인 후 또르띠야를 넣고 뚜껑을 덮는다.
10 또르띠야가 살짝 데워질 정도로 3~4초 정도 양면을 익힌 다음 꺼낸다.
11 또르띠야에 8, 4, 7을 차례로 올린 후 취향에 따라 고수잎을 곁들이고 레몬즙이나 라임즙을 살짝 뿌린다.

블루 치즈 크림 파스타

4인 기준

스파게티 면 280g
새우 8~10마리
단호박 40g
잣 2큰술
레몬즙 1큰술
올리브오일 1큰술
소금, 후추

소스
생크림 100g
블루 치즈 50g
레몬즙 2큰술

1 잣을 마른 팬에 살짝 볶아 노릇하게 익히고 한 김 식힌다.
2 단호박을 삶아서 큐브형으로 작게 자른다.
3 오일을 두른 팬에 새우를 익히고 레몬즙 1큰술과 후추로 간한 후 따로 담아 둔다.
4 스파게티 면은 끓는 물에 소금 2큰술을 넣고 포장지에 안내된 시간보다 2분가량 덜 삶는다. 면수는 버리지 말고 따로 남겨 둔다.
5 새우를 구웠던 팬에 생크림과 블루치즈를 넣고 블루치즈가 녹도록 약불로 끓인다.
6 치즈가 녹으면 삶아 둔 면을 넣고 소스가 잘 배도록 면수를 조금씩 부어 가며 농도를 조절한다.
7 3의 새우와 레몬즙 2큰술, 손질한 단호박을 넣고 살살 버무리면서 후추를 뿌린다.
8 그릇에 담고 구운 잣과 블루치즈 조각들을 올리고 올리브오일 1큰술을 두른다.

스테이크 샌드위치

4인 기준

빵 적당히
스테이크용 소고기 600g
슬라이스 치즈 4장
소금, 후추

버섯 페스토
양송이버섯 200g
그라나파다노 치즈 2큰술
화이트와인 2큰술
버터 10g
소금 1꼬집
후추 약간

소스
홀 그레인 머스터드 2큰술
마요네즈 4큰술
후추 약간

요리에 사용되는 대부분의 와인은 달지 않은 드라이한 와인을 사용하는 것이 좋다.
스테이크 두께와 굽기는 취향에 맞게 조절하고 조리 방법은 p.140 와인 소스 스테이크를 참고한다.

1. 분량의 소스 재료를 모두 한데 넣고 고르게 섞는다.
2. 양송이버섯을 잘게 다져서 버터를 두른 팬에 볶는다.
3. 볶다가 버섯에 물기가 생기기 시작하면 화이트와인을 넣고 수분이 날아갈 때까지 볶는다.
4. 수분이 다 날아가면 그라나파다노 치즈 2큰술과 후추를 넣고 버섯 페스토를 완성한다.
   - 추가 간은 소금으로 한다.
5. 스테이크용 고기는 오일을 두른 팬에 양면을 골고루 익힌다.
6. 준비된 샌드위치용 빵의 한쪽 면에 1의 소스를 바른다.
7. 빵 위에 4의 버섯 페스토를 올리고 스테이크를 빵 크기에 맞춰 올린다.
8. 스테이크 위에 슬라이스 치즈를 올리고 소스를 발라 둔 다른 빵을 덮는다.
9. 먹기 좋게 자른다.

셋째 주 클래스

아삭아삭한 채소와 쫄깃한 할루미 치즈의 조화로운 식감 **할루미 치즈 샐러드**

바삭바삭하게 튀긴 굴을 엔다이브 위에 얹어 핑거푸드처럼 즐기는 **굴튀김 석류 샐러드**

조리법은 간단하지만 모양과 색감이 멋스러운 **연어 스테이크**

할루미 치즈 샐러드

4인 기준

할루미 치즈 180~200g	**소스**
방울토마토 3개	올리브오일 2큰술
석류 알 2큰술	발사믹 비네거 2큰술
샬롯 2개	홀 그레인 머스터드 1큰술
바질 잎 7~8장	다진 마늘 ½작은술
버터헤드 상추 2개	소금 1꼬집
올리브오일 2큰술	후추

1 분량의 소스 재료를 모두 한데 넣고 고르게 섞는다.

2 할루미 치즈를 먹기 좋은 크기로 도톰하게 썰어서 올리브오일 2큰술에 버무린다.

3 뜨겁게 달군 팬에 치즈를 한쪽 면 당 40초 정도 노릇하게 구워 낸다.

4 방울토마토를 반으로 자르고 샬롯을 채 썰어 준비한다.

5 먹기 좋게 썬 버터헤드 상추, 샬롯, 방울토마토를 소스의 반만 넣고 버무린 후 그릇에 담는다.

6 3의 구운 치즈와 석류알, 바질 잎을 샐러드 위에 올리고 남은 소스를 뿌린다.

굴튀김 석류 샐러드

4인 기준

굴 200~300g
석류 ½개
샬롯 1개
딜 2~3줄기
엔다이브 1개
레몬제스트 약간
오일(튀김용)

튀김옷
달걀 1개
빵가루 1컵
튀김가루 1컵

소스
올리브오일 3큰술
셰리와인 비네거 2큰술
(또는 화이트와인 비네거)
소금 1꼬집
후추

1 굴을 소금물에 살살 씻은 후 체에 밭쳐 물기를 빼고 키친타월에 올려서 표면이 살짝 마르도록 3분 정도 그대로 둔다(튀김옷이 벗겨지는 것을 방지한다). p.21 굴 손질 참조
2 분량의 소스 재료를 모두 한데 넣고 고르게 섞는다.
3 샬롯을 잘게 채 썬다.
4 엔다이브는 깨끗이 씻은 후 잎을 한 장씩 떼어 놓는다.
5 굴에 튀김가루를 가볍게 묻히고 달걀옷을 입힌 후 빵가루를 묻힌다.
6 튀김 냄비에 오일을 넉넉히 넣고 오일이 달궈지면 굴을 넣어 튀긴 후 채반에 올려 기름을 뺀다.
• 굴 크기에 따라 1분~1분 30초가량 뒤집어가며 튀긴다. p.14 튀김 노하우 참조
7 엔다이브 위에 채 썬 샬롯, 굴튀김, 석류알, 레몬제스트 순으로 얹는다.
8 먹기 직전 소스를 조금씩 나누어 뿌리고 딜을 올린다.

연어 스테이크

4인 기준

스테이크용 연어 4덩이
(손가락 2마디 정도 두께, 껍질 있는 것)
레몬제스트 4꼬집
딜 약간
버터 10g
소금, 후추, 핑크 후추
오일 8큰술(연어 1개당 오일 2큰술)

소스

마요네즈 소스(달걀노른자 2개, 올리브오일 80㎖,
레몬즙 2큰술, 디종머스터드 1작은술, 소금 2꼬집)
홀 그레인 머스터드 2큰술
다진 샬롯 1작은술
다진 케이퍼 1작은술

1 연어를 후추와 소금으로 밑간한다.
2 마요네즈 소스 재료를 모두 핸드믹서에 넣고 고르게 섞는다.
단, 올리브오일은 3~4회에 나누어 넣고 저으면서 농도를 맞춘다.
3 마요네즈 소스가 완성되면 홀 그레인 머스터드와 다진 샬롯, 다진 케이퍼를 넣어 소스를 완성한다.
4 중강불로 달군 팬에 오일을 두르고, 연어를 껍질이 있는 쪽부터
1분가량 뒤집지 않고 익힌다.
5 연어를 뒤집어서 반대쪽도 1분가량 익히고, 좌우로 돌려가며 측면도 1분간 익힌다.
6 연어가 전체적으로 노릇해지면 버터를 넣고, 숟가락으로 녹은 버터를 연어 위에 뿌려
20초가량 풍미를 입힌다.
7 접시에 껍질 부위를 위로 연어 스테이크를 담고 소스를 뿌린다.
8 레몬제스트와 핑크 후추, 딜을 토핑한다.

겨울

넷째 주 클래스

굴을 색다르게 즐기고 싶다면 루꼴라를 곁들여 샐러드로 **굴 볶음 루콜라 샐러드**

고소하고 쫄깃쫄깃한 식감이 일품인 **비프 타르타르**

사프란으로 요리의 풍미와 색감을 살린 **사프란 백합 리소토**

굴 볶음 루콜라 샐러드

4인 기준

	● 볶음 소스	● 드레싱 소스
굴 200g	청하 2큰술	올리브오일 2큰술
베이비 루콜라 1줌	맛술 2큰술	발사믹 비네거 1큰술
튀김가루 3큰술	진간장 2큰술	레몬즙 1작은술
잣 약간	후추 2꼬집	후추 1꼬집
오일		소금 1꼬집

1 굴을 소금물에 살살 씻어서 체에 밭쳐 물기를 뺀다. p.21 굴 손질 참조
2 분량의 볶음 소스와 드레싱 소스 재료를 각각 섞어 둔다.
3 굴에 튀김가루를 묻히고 살살 털어 준다.
4 달군 팬에 오일을 두르고 굴을 노릇하게 굽는다.
5 볶음 소스를 넣고 굴에 소스가 골고루 묻도록 살살 볶는다.
6 루콜라를 드레싱 소스에 버무려서 그릇에 담고 볶은 굴을 올린다.
7 잣을 살짝 뿌린다.

비프 타르타르

4인 기준

소고기 한우 육회용 300g
덜이나 타임 3~4줄기
달걀노른자 1개
올리브오일 약간

소스

샬롯(얇게 다져서) 1개
다진 마늘 ½작은술
올리브오일 2큰술
케이퍼 8알
셰리와인 비네거 2큰술
홀 그레인 머스터드 1큰술
그라나파다노 치즈 1큰술
소금 1꼬집
후추 약간

1 케이퍼를 굵게 다져서 소스 재료를 모두 섞는다.
2 고기는 육회용보다 살짝 더 다져서 키친타월로 핏물을 제거한다.
3 핏물이 충분히 빠진 고기에 소스 재료를 모두 넣고 잘 섞는다.
4 간을 본 후 추가 간은 소금으로 한다.
5 개인 그릇에 먹기 좋게 완성된 타르타르를 담고 달걀노른자를 올린다.
6 딜이나 타임을 올려 장식하고 올리브오일을 살짝 뿌린다.

사프란 백합 리소토

4인 기준

쌀 300g	백합 육수 1ℓ
사프란 1꼬집	파르마지아노 레지아노 치즈 30g
백합 250~300g	버터 50g
샬롯 2개	소금
화이트와인 200㎖	

1 바닷물 농도와 비슷한 소금물에 백합을 넣고, 뚜껑을 덮어 빛을 차단한 후 냉장고에서 1시간 이상 해감한다.

2 해감한 백합을 깨끗하게 씻는다.

3 냄비에 물 1.2ℓ 정도를 붓고 백합을 넣고 끓여서 백합의 입이 벌어지면 불을 끄고, 백합만 따로 건져서 마르지 않도록 랩을 씌워 보관한다. 육수는 리소토에 그대로 사용한다.

4 3의 뜨거운 육수에 사프란을 넣고 한 김 식힌다.

5 넓은 팬에 버터 30g을 넣고 채 썬 샬롯을 볶는다.

6 쌀을 넣고 버터에 코팅하듯 볶다가 화이트와인을 넣는다.

7 화이트와인을 넣고 1분 정도 볶다가 와인의 알콜 성분이 날아가면 4의 백합 육수를 한 국자씩 나누어 넣으며 계속 저어 준다.

8 육수를 한 국자씩 추가하며 약 15분간 쌀을 크리미하게 익히는 과정을 반복한다.

9 밥을 먹어 봤을 때 약간 덜 익은 듯한, 쌀의 심지가 살짝 씹히는 정도가 되면 파르마지아노 레지아노 치즈를 갈아 넣는다.

10 치즈로 인해 농도가 너무 되직하면 육수로 조절한다.

11 그릇에 덜기 전 버터 20g을 더 넣고 저으며 녹인다.

- 백합의 짠맛과 파르마지아노 레지아노 치즈로 인해 따로 간은 하지 않지만, 개인 취향에 따라 마지막에 소금으로 간을 맞춰도 좋다.

12 그릇에 넓게 펴 담고 백합을 보기 좋게 올린다.

2017
BOURGOGNE
CÔTES DE NUITS
Domaine
RICHEBOURG
Grand Cru
2014

겨울에 즐기기 좋은 와인

겨울에는 풍미가 진하고 따뜻한 음식과 밸런스가 좋은
부르고뉴 와인이 어떨까?
부르고뉴 와인만큼 은은하고 부드러운 풍미를 가진 와인도 드물다.
와인의 여리여리한 산미와 풍부한 과일 풍미가
묵직한 겨울 음식에 균형을 맞춘다.

프랑수아 라마르슈, 부르고뉴 오트 코트 드 뉘
Francois Lamarche, Bourgogne Hauts Côtes de Nuits

메종 로쉬 드 벨렌, 리쉬브르 그랑 크뤼
Maison Roche de Bellene, Richebourg Grand Cru

늘 고마운 나의 안식처 Ryan
언제나 지지를 보내는 부모님과 동생
든든한 가족

이 책을 배움으로 가득 채울 수 있게 이끌어주신
선생님들

요리에 따뜻한 마음과 열정을 담을 수 있도록
늘 응원을 아끼지 않는 수강생 한 분 한 분에게
진심으로 감사드립니다.

이 책이 나오기까지 소중한 시간을 내 주신
문혜미, 이상희, 김지원님
감사합니다.